U0166614

教育建筑规划与设计

大学 II

（意）安德烈·德斯特凡尼斯 主编 李婵 译

辽宁科学技术出版社
·沈阳·

目录

前 言

浅谈未来高等教育学校设计

安德烈·德斯特凡尼斯
Andrea Destefanis

意大利建筑师，Kokaistudios建筑事务所合伙人，毕业于威尼斯建筑大学，开发了很多获奖的建筑和城市规划项目。Kokaistudio 在上海成立事务所后，他长期移居亚洲，在为事务所努力打拼的同时，也致力于对社会和城市环境可持续发展措施的研究和推广。

在过去的十年时间里，在线教育对于传统大学来说是一个巨大的挑战。由于没有地理位置上的限制，课程安排非常灵活，成本较低，随着课程整体质量不断提高，许多人将虚拟大学视为最终目标，并预测未来实体建筑的大学将被虚拟大学所取代。

但幸运的是，传统大学仍然在社会中起着非常重要的作用，并具有很多虚拟机构所不具备的重要功能。它们是不断地创新研究和实现重大发现的场所，当然许多研究也可以通过高质量低成本的在线学习来实现。他们也可以作为文化记忆的保存者和传播者，帮助我们的社会在前人智慧的基础上，更好地发展。最重要的是，还可以让年轻的学生参与到这些重大发现和记忆保存的过程中，同时有众多的学者和教授来指导他们。

现如今我们可以看到，尽管网络在线学习并没有完全摧毁实体教育机构，但在这个几乎所有的知识都可以在线获取的时代，现代大学必须迅速适应不断变化的需求和使用要求。拥有实体校园的学府需要帮助学生更好地学习和掌握那些在当今世界越来越被重视的技能和能力，如情商、移情和解决问题的能力等。

校园的设计不应完全采用传统的高等教育模式，即学术楼主要用于学生们上课和听讲座，而应将校园作为学生交流思想和建立社会关系的互动场所。学习型建筑不应只具有一系列教室、演讲厅和走廊，还应该具有非正式的、开放的、灵活的学习空间。

传统的单向交流的教学环境不能为学生提供最新的教育模式所要求的互动环境。学生们应该在以学生为中心的地方学习，从而满足自己的个性化需求。教室的物理空间要采用灵活的座位布局，并配置相关设备，来支持最新的多模式教学方法。

走廊和其他过渡性空间的规划不仅要满足学生流动或等待上课的空间需求，还要为学生提供一个可以休息、社交或学习的安静场所。

所有公共区域都应该鼓励人们相互交流、分享各自的想法和建立信任，从而有利于更好地团队合作。这些空间看起来要很有吸引力，营造一个令学生们流连忘返的环境。

现在的大学生通常不需要像我们以前那样多的印刷书籍或杂志，他们通过即时访问在线资源就可以找到需要的资料。然而，高校图书馆在当今校园生活中仍然扮演着重要的角色。

从象征意义和物理意义上讲，没有什么建筑能像图书馆那样代表着一个机构的核心。它们是被视为校园核心的标志性建筑，代表着学校的传统和文化遗产，代表着对学术界的文化承诺。

图书馆具有很强的实用性，并继续在学校中发挥着非常重要的作用。它可以为个人和团队提供安静的学习环境，以及其他获取知识的途径。

然而，图书馆也应该顺应现代的需求，以新的方式支持学术改革。其空间必须容纳最新的信息技术，从而打造一个适应有线或无线环境的实验室，来适应新的教学方法。

共享空间是高校图书馆的核心和灵魂。图书馆要融合先进的计算机设备和传统的参考资料，要为学生们提供各种集会空间，作为他们交流思想、团队合作和利用多种技术的学术中心。

可以将以前分散在校园各个区域的服务设施都整合在图书馆里，这样学生们可以很容易地一站获得所有的服务。例如，可以设置写作中心、教师休息室和咖啡厅、展示室和展览区，可以利用因纸质书籍减少而空余的空间，营造一种充满活力的社交氛围。

随着各种职业的发展需求越来越多，人们要全方位地掌握各种技能，大学应该模糊院系之间的界限，从而激发和鼓励学生去探索跨学科的学术研究，迎接学术上和社会上的各种挑战。

老式的单一用途的建筑应该被实验室和研究中心所取代，设置更多的流动空间，不需要太明确的空间界限划分，从而有利于不同部门和院系之间的相互沟通和合作。

未来的大学应该是一个知识市场，一个共享空间。学校的工作人员、学生，甚至是来访的客人都可以在这里会面，并一起工作学习。

为了促进外来人员的参与感，学校的设计应该具有通透性，给人一种很受欢迎的感觉，同时也要广泛开展面向社会的展示活动。一层和建筑外墙是展示丰富的研究成果的最佳战略位置。多功能教室可以用来举办展览和各种活动，或者作为开放式的工作区。还可以通过互动装置利用建筑立面来展示学生创意性的作品。

最后但并非最不重要的一点，未来的大学设计应该以健康和福祉为目标，鼓励体育运动，改善空气质量，引入自然照明，还要在学习空间内外种植当地特色的植物和草坪。

应该将资源消耗降到最低，并确保建筑具有长期的恢复能力，将促进可持续的生活方式，始终作为遵守高环境标准的一个重点。

尽管现在越来越多的人开始通过数字渠道进行学习，大学校园及其配备的设施仍然发挥非常重要的作用，它们可以将学生们聚集在一起，鼓励他们进行批判性地思考，并建立与外部世界的联系。

我们的学习方法和培养专业技能的方式变化得太快了，以至于大多数学校都是刚刚开始适应。现在也是时候探索和试验各种新的设计方案了，这样才能适应人们对于新的学习环境的需求。

有效利用共享空间

共享空间已成为高校图书馆的核心和灵魂。可以称其为“信息共享空间”“学习共享空间”“知识共享空间”或者“电子共享空间”。无论其名称是什么，共享空间已经成为计算机技术服务和传统的图书馆参考资料和研究资源的混合体。它是学生集会、交流思想、合作和利用多种技术的中心。

如今的共享空间打破了图书馆的许多旧规则。在公共区域，任何人都不能阻止学生们进行交谈，并且允许他们在这里吃喝，鼓励他们相互合作，咖啡厅和自动售货机也是不可或缺的。许多信息共享区都是全天候开放的。

学习共享空间的设计要将这些方面都考虑在内，然后进行调整，以便为新的 2.0 用户和学生提供尽可能最好的服务。推动图书馆开展各项服务的主要原因有两个：第一个原因是，用于存放印刷材料的空间减少了，由于数字资源的查询更加方便快捷，学生和教职员工很少查阅印刷资料了。第二个原因是，大多数校园中的图书馆都占据了主要位置。图书馆也经常通过清理印刷品收藏来腾出空间，从而促进其他协同服务，以满足学生与其他服务部门的需求。

项目地点：丹麦，哥本哈根
完成时间：2017 年
建筑设计：C.F. 穆勒建筑事务所（C.F. Møller Architects）
景观设计：SLA 公司
工程设计：安博工程公司（Rambøll）
合作设计：阿格博亨里克森公司（aggebo&henriksen）、森尼尔加公司（Cenergia）、戈登、法夸尔森、创新实验室公司
摄影：亚当・默克（Adam Moerk）
面积：42,700 平方米（24,700 平方米的实验室、办公室和公共设施，18,000 平方米的门厅、食堂、礼堂、教室、厂房）

马士基大楼——哥本哈根大学潘侬综合楼扩建工程

设计背景

马士基大楼是一座先进的科研大楼，其创新的建筑结构为世界级的健康研究创造了最佳框架，并使其成为哥本哈根的一个里程碑。它的目标是把哥本哈根大学同周围的社区乃至城市联系起来，从而做出积极的贡献。

设计理念

马士基大楼是哥本哈根大学健康和医学科学学院潘侬综合楼的扩建，包含研究和教学设施，以及一个设有礼堂和会议室的会议中心，全部采用最新的技术。这座 15 层的研究大楼拥有别具一格的动感弧线造型，是大学健康科学学院的标志性建筑，同时也在城市和北校区之间形成了可见的联系。

为了打造一座匹配世界级的健康研究的建筑，必须要设计一个能鼓励人们跨学科聚集的场所，既吸引普通民众，又吸引研究人员。这有助于现行研究活动的交流，从而实现知识共享，为创新研究提供灵感。

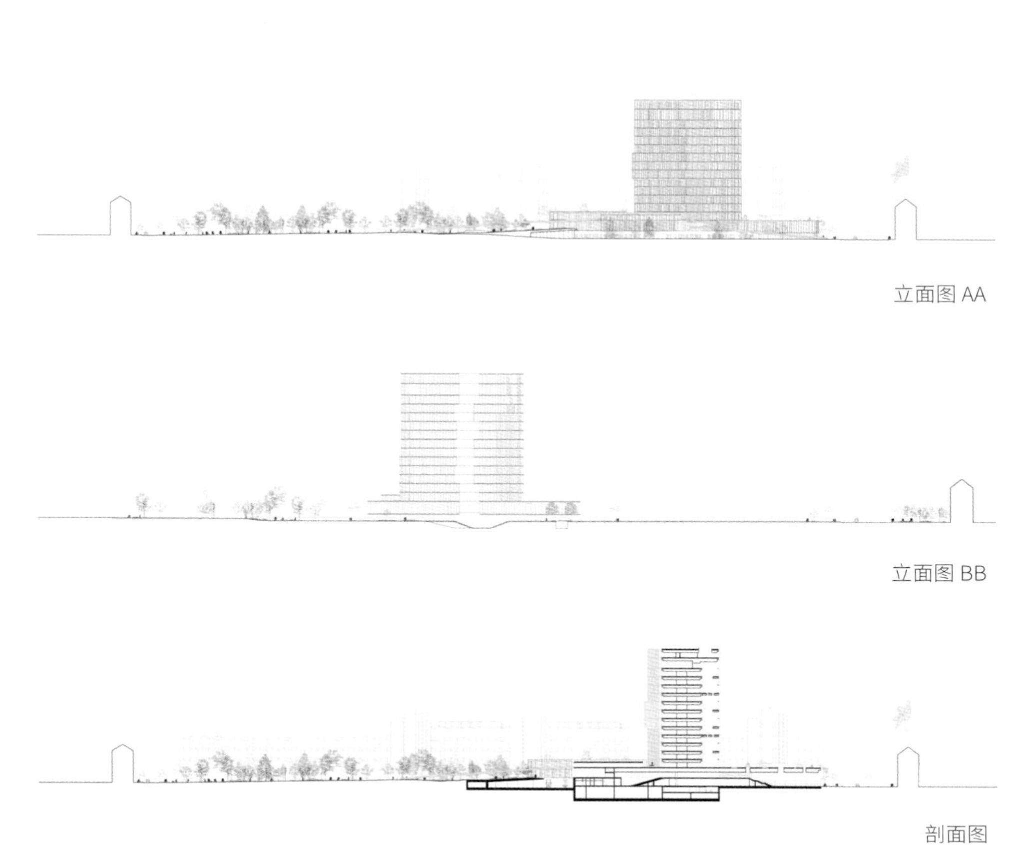

立面图 AA

立面图 BB

剖面图

区位图

建筑立面百叶窗开合细部图

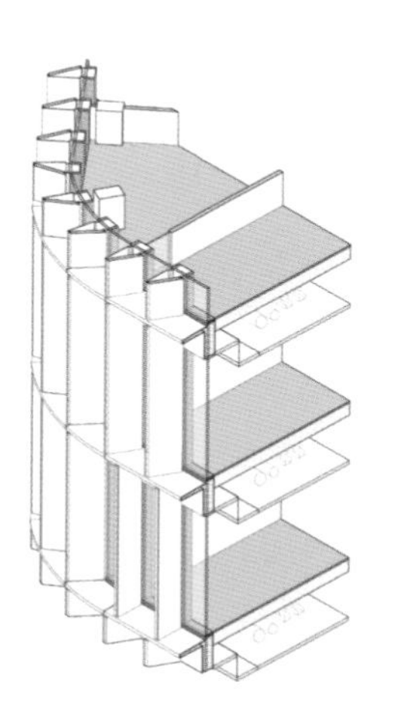

建筑立面细部等轴侧视图

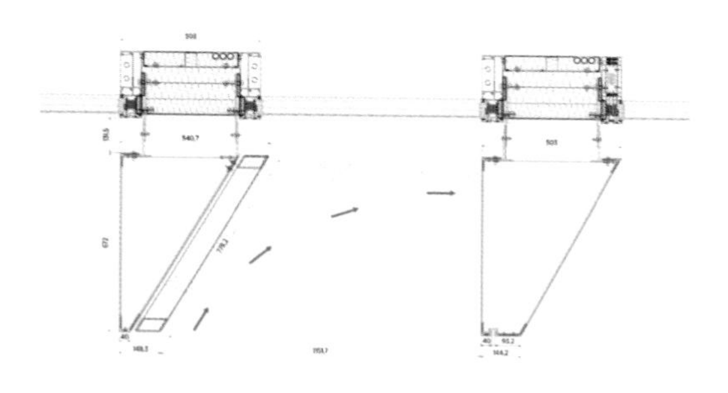

建筑立面百叶窗平面细部图

百叶窗剖面细部图

创意外墙

大楼的外墙被与楼层等高的镀铜百叶窗分割成浮雕似的网格结构。镀铜的设计显然参考了哥本哈根的许多教堂的铜尖塔，它与大楼的设计一起，共同突出了城市景观的统一感。百叶窗为外墙提供了一种深浮雕效果，打破了大楼的巨大感。从表达上，它们也提供了一种精细和直立的感觉。

外墙的百叶窗作为可移动的气候屏障，能根据阳光直射自动开启或关闭，确保实验室的直接热增益保持在绝对最小值。百叶窗主要屏蔽阳光直射，但也允许日光通过其细密的穿孔射入室内。

大楼的造型和百叶窗的设计有助于消除高层建筑周围可能发生的风湍流，以确保大楼底部公园景观中拥有宜人的小气候。

校园公园

大楼的选址为绿色的城市校园公园提供了更大的空间。公园面向所有人开放，因此与周边的社区紧密联系。通过校园公园，大学向当地的所有人开放了一个迷人而多样的绿色城市空间。校园公园为研究人员和学生提供了户外学习和娱乐空间，同时也是一个全新的公共公园。

校园公园可经由一个带草坡的景观护墙进入。护墙的设计是为了应对未来的气候变化。多余的水从地砖间渗透下来，并被收集在一个大水池中。低矮建筑的屋顶花园也能吸收极端的暴雨。例如，公园里多余的雨水被用来灌溉植物和冲洗楼内的厕所。

新校园公园有一个独特元素——曲折的“漂浮小路”，它引导行人和自行车穿过马士基大楼的部分区域。这让公众有机会接近建筑和研究人员，同时，也在诺和阿莱（Nørre Allé）和布拉格达姆斯维奇（Blegdamsvej）区域之间创造了新的连接点。同样，研究人员和学生可以通过一条自行车道直接骑车去上班或上学，这条自行车道通向一个地下自行车停车场，当骑车者靠近时，大门会自动打开。此外，项目还设有大量的户外自行车停车位。

可持续性

马士基大楼拥有丹麦最节能的实验室，在那里，废弃能源的回收达到了前所未有的水平。这与外墙的可移动隔热等节能措施相结合，使建筑成为节能实验室建设的先驱，最大初级能耗仅为 40 kWh/m^2，仅相当于传统实验室建筑的一半。

透明与热情

大楼坐落在一个低矮的星形底座上，向城市景观延伸。它包含共享和公共设施，如演讲厅、教室、食堂、展示实验室、会议室和书吧。门厅也设在底座结构中，入口楼梯就像房间里的一件家具，温暖的木质表面让你在阶梯座椅上驻足。

底座结构将现有潘依综合楼的功能与马士基大楼连接起来。它的中心空间形成了一个开放和动态的聚会场所，研究者、学生和客人在来往时，会在这里相遇。底座功能的精心布局确保了与中心空间的短距离，让研究人员和学生在来往于各色设施时可以有更大的交界面。

底座的比例经过精心的调整，与相连的潘依综合楼的低层建筑相匹配。原有的潘依综合楼建于 20 世纪 70 年代，被认为是野兽派的杰作，马士基大楼在色彩和立面节奏上都明显地参照了它。但与潘依综合楼的不同在于，潘依综合楼看起来很内向，而马士基大楼的底座拥抱着这座城市，并邀请公众进入。

透明的立面让整个底座看起来是开放和热情的，从校园公园，你可以看到里面正在进行的许多活动。同时，这种通透感使建筑内部与外部的绿色景观融为一体。

Kantine

创新研究的最佳条件

这座大楼本身拥有全套的研究设施，包括创新和现代化的实验室。室内装饰采用玻璃突出了研究的可视性和透明度，同时即插即用功能确保了科学的创新性和灵活性。每一层楼的功能都被连接起来，形成了一个高效的闭环，既提供了更短的行程距离，又能加强团队合作的机会。

富有雕塑感的螺旋楼梯连接了开放的 15 层中庭，形成了广泛的空间立体感。每层楼的楼梯旁都有一个开放且吸引人的“科学广场”，为员工提供了一个天然的聚会和共享空间。外墙上的铜百叶窗嵌着一块立式玻璃，让人们在外面也能看到螺旋楼梯和科学广场，同时也使其与开放的底座一样，让大楼与哥本哈根景观那壮丽而鼓舞人心的景色联系起来。

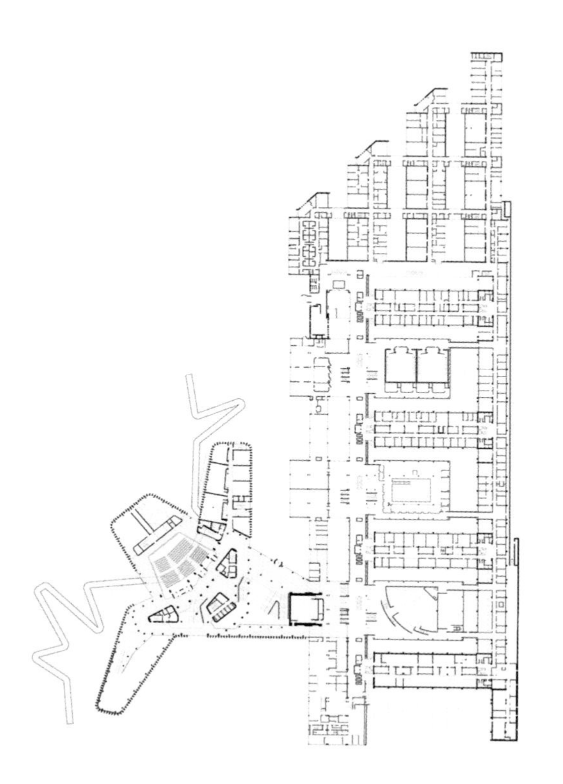

平面图

鲁尔西部大学

项目地点 : 德国，鲁尔
完成时间 : 2016 年
建筑设计 : HPP+ASTOC 联合体
摄影 : 克丽斯塔 • 拉什米尔
(Christa Lachenmaier)
面积 : 62,500 平方米
建筑主材 : 钢筋混凝土

设计理念

坐落在德国鲁尔区米尔海姆（Mülheim an der Ruhr）的鲁尔西部大学，简称 HRW，是德国高等学府发展计划的一部分。8 栋独立建筑和 62,500 平方米的建筑面积，使之成为一个独立的片区。其中包括 4 栋科研楼、一座食堂、一座报告厅、一座图书馆和一栋在原火车站旧址上搭建的停车楼。

这里不仅是一处高等教育学府，整个校园环境也是城市发展结构的一部分。因此，校园内建筑的体量及高度顺延了周边城市的发展形态，并在空间上有意识地朝四周开放。

大学校园带来的学府氛围和附属功能，使得南面沿杜伊斯堡大街的住宅区更有生活气息并随之升值。同时，校区内形式多样的公共空间，也给周围的居民提供了丰富的户外活动场所。

07

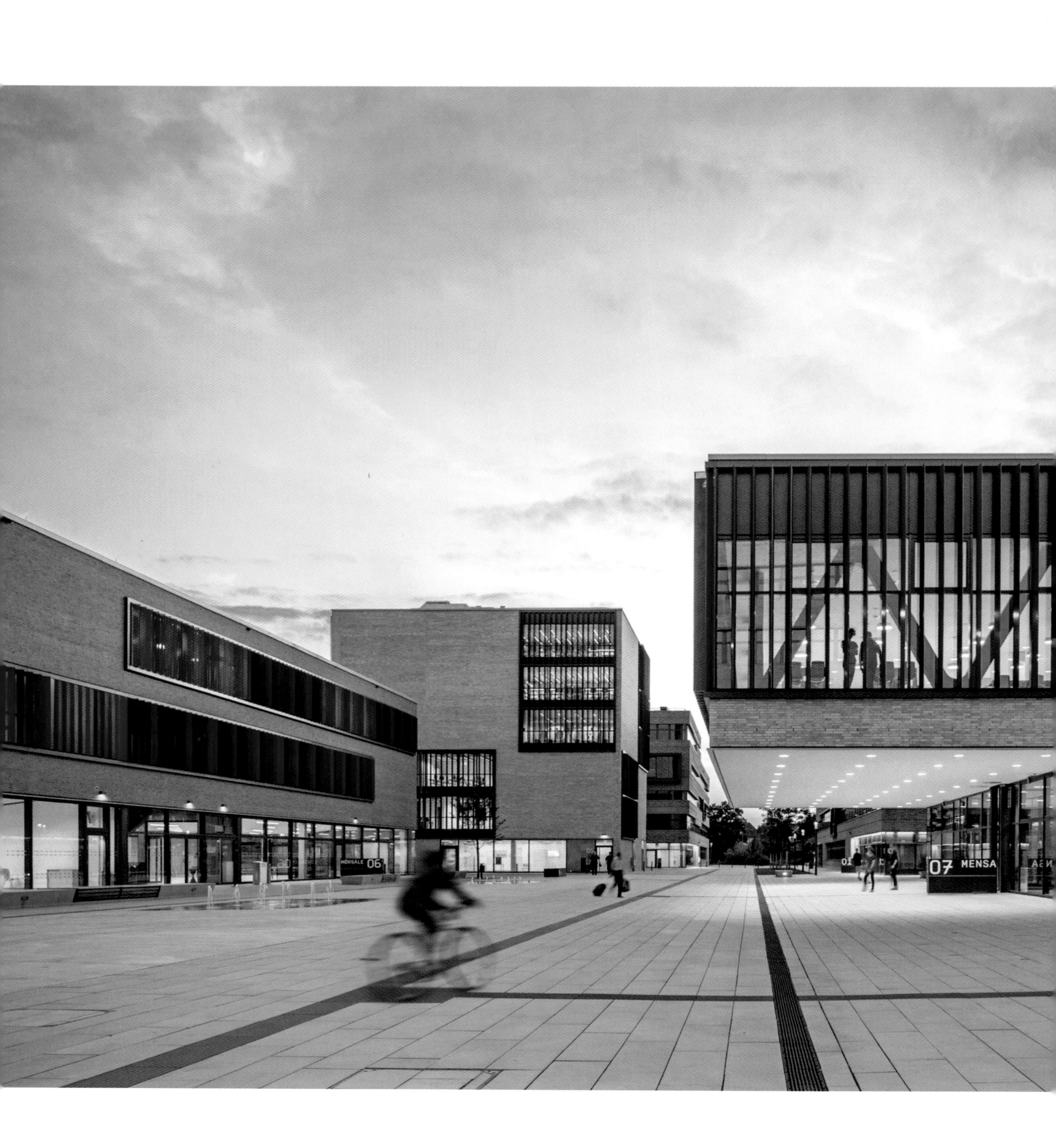
HÖRSÄLE 06
07 MENSA

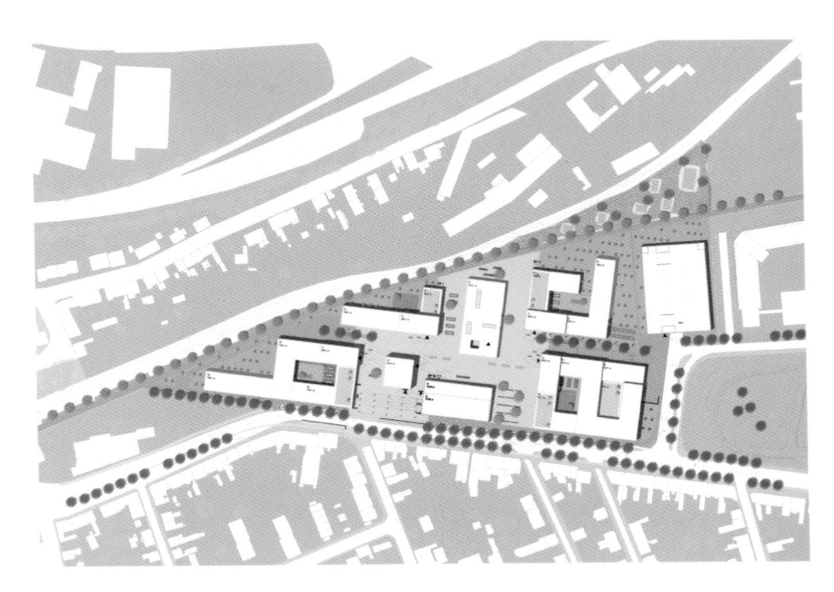

总平面图

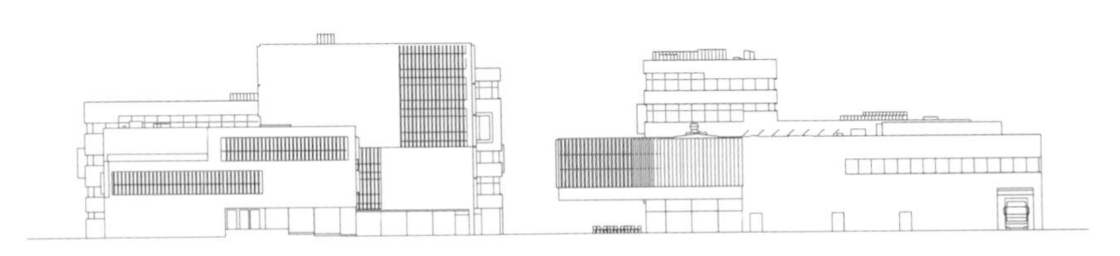

立面图

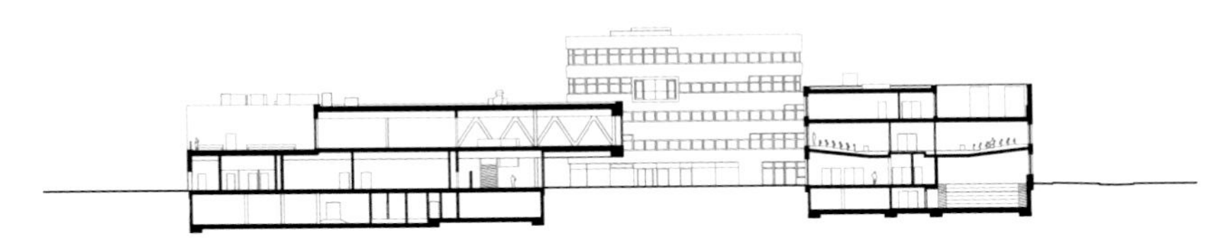

剖面图

平面图

HPP 与 ASTOC 在几年前欧洲范围内的两轮竞赛中，从 15 组竞争对手中脱颖而出，赢得冠军。由于该校区设有计算机科学、工程学、数学和自然 / 经济科学等理工学科，在设计过程中多方面考虑了电力供给和空气质量影响的特殊要求。整个项目实施过程中，共有 15 家不同专业的工程公司共同参与。

新的校区已经正式对外开放，北威州州长汉内洛蕾 • 克拉夫特（Hannelore Kraft）女士在盛大的开幕典礼上致贺词， 由此，鲁尔西部大学也正式向公众展示了新的校区及学校可供申请的学科范围。

项目地点：加拿大，多伦多
完成时间：2016 年
建筑设计：贝加艾奇（上海）建筑设计有限公司（B+H）
主创设计师：道格拉斯·别根海特（Douglas Birkenshaw）、凯文·施特尔策（Kevin Stelzer）
摄影：托妮·哈弗肯奇德（Toni Hafkenscheid）
面积：16,500 平方米
主要材料：石材、钢、木质

多伦多大学法学院大楼

设计背景

近年来，多伦多大学法学院大楼的规模与状况已无法满足学院进一步发展的需要。有限的空间不仅限制了教室规模，造成教职员工办公空间的匮乏，且阻碍了课外活动的开展与学生之间的互动。在过去四年里，法学院大楼始终位列学生不满意度调查的榜首。

设计理念

2016 年完工的法学院新大楼为新学院增加 16,500 平方米的面积。紧靠皇后新月公园而建的辅楼，采用玻璃与镍制翼片的立面，韵律感十足，已经成为学院内的标志性建筑。其新月形的设计与前方街道的弧度完美呼应，充分展现了地块优势。新的辅楼设有可容纳 210 名学生的演讲大厅（既可作为教室使用，又可充当虚拟法庭），多个讲座会场，全新的学生公共休息室与论坛空间，以及教职员工办公室和全新的餐厅。

新设的法学论坛空间既是人们社交的场所，也衔接起了辅楼和学校现有的法学系图书馆。此外，空间的设计使增建部分与学院历史文化巧妙融合，营造了统一和谐的氛围。施工范围还包括图书馆的翻新及 2 层的阅读室。此外，对学校历史建筑的适度整修将有效减少建筑 13% 的能耗。综观全局，新增设施在扩大法学院现有面积之外，也为学生学习、聚会、互动提供了优美环境。

JACKMAN LAW BUILDING

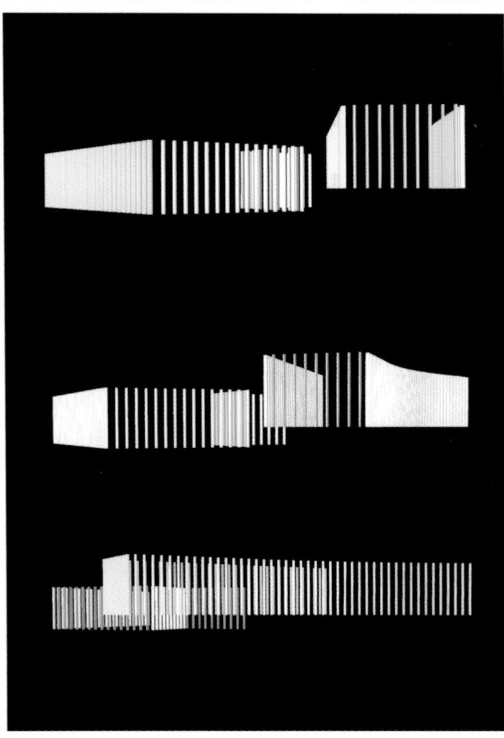

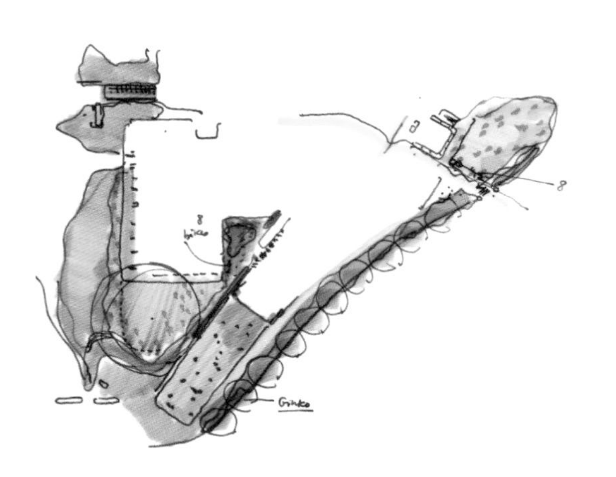

景观手绘

平面概念展示

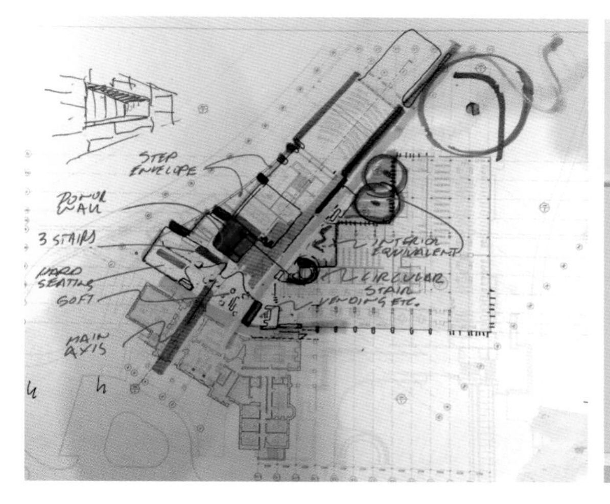

平面手绘图

总平面图

西立面图

东南立面图

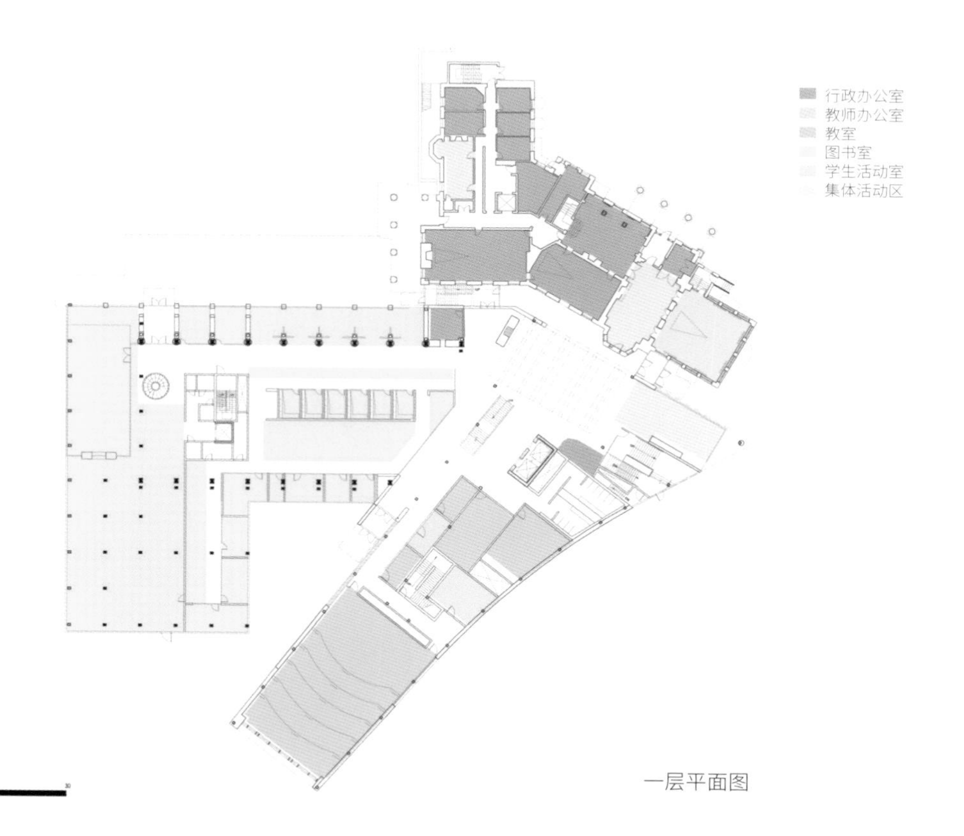

一层平面图

Information Commons

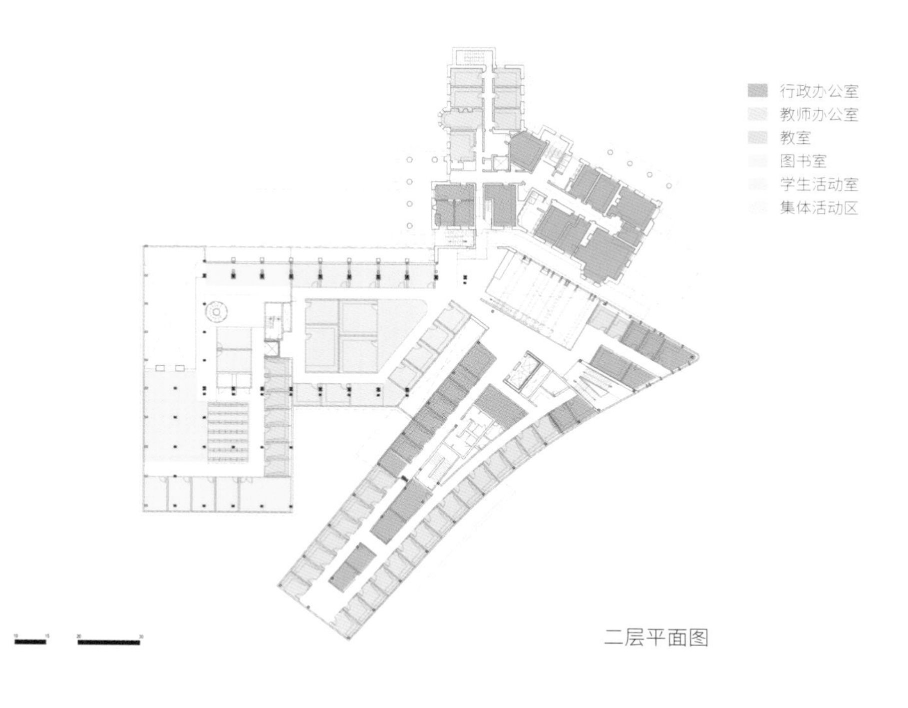

二层平面图

项目地点：美国，马里兰州，索尔兹伯里市
完成时间：2016 年
业主：索尔兹伯里大学
建筑设计：Sasaki
设计 / 建造承包商：Gibane
执行建筑师：Ayers Saint Gross
摄影：杰里米 • 贝特曼（Jeremy Bittermann ）
建筑面积：21,000 平方米

索尔兹伯里大学圭里埃利综合学术大楼

设计理念

圭里埃利综合学术大楼位于索尔兹伯里大学校园中心位置，新建筑尽享地理优势，明显地改变了校园的教育和学习形态。建筑容纳校内所有学术机构，配备设计先进的图书馆、教室、咖啡厅、可容纳 400 人的礼堂以及 NABB 研究中心——一所关于马里兰州东岸历史和文化的特藏图书馆。全新的综合学术大楼已成为大学各个学术专科的聚集地，从严肃的自习到科技辅助的小组合作，不同的研习模式都能在这里进行。

一系列功能空间分布于四层楼高的学习空间，每一楼层都鼓励一种特定的学习模式。首层是相关人员的工作场地，学生能在这里与他们合作、互动；二层有聚焦于教育和学习技能的功能元素；三层以个人研究和自习为主；四层则是纳布研究中心和 400 座礼堂的所在地，这两项设施让学生有机会接触珍贵的历史典藏，并通过公众对话进行学习。

PATRICIA R. GUERRIERI
ACADEMIC COMMONS

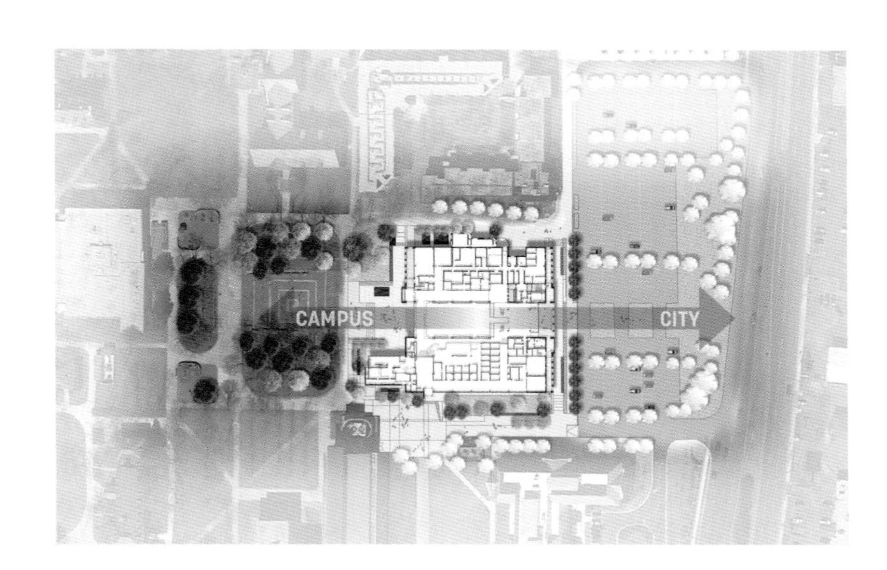

总平面图

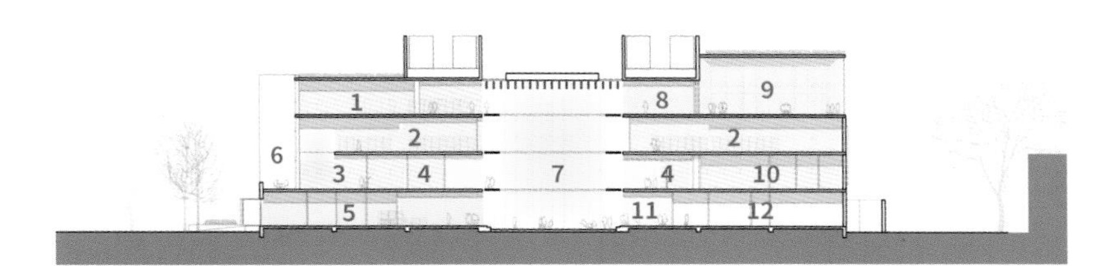

剖面图 1

1.NABB 研究中心
2. 图书馆馆藏
3. 教员室
4. 自习室
5. 员工办公室
6. 南露台
7. 共享大厅
8. 功能间
9. 礼堂
10.CSA
11. 西侧休息大厅
12. 服务区

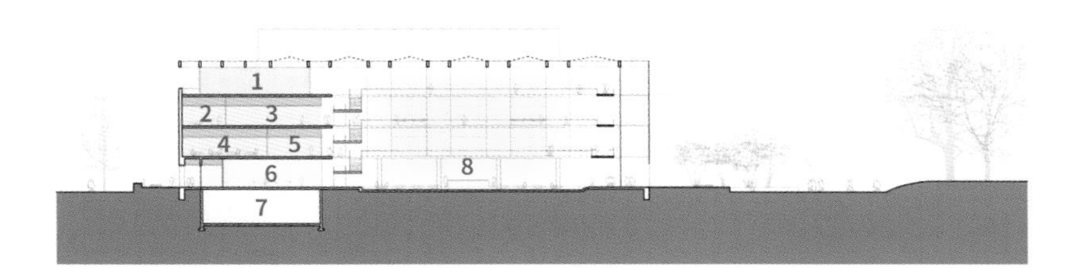

剖面图 2

1. 董事会会议室
2. 会议室
3. 开放式座位
4. 数学学习中心
5. 自习室
6. 图书馆大厅
7. 机械设备间
8. 共享大厅

PATRICIA R. GUERRIERI
ACADEMIC COMMONS

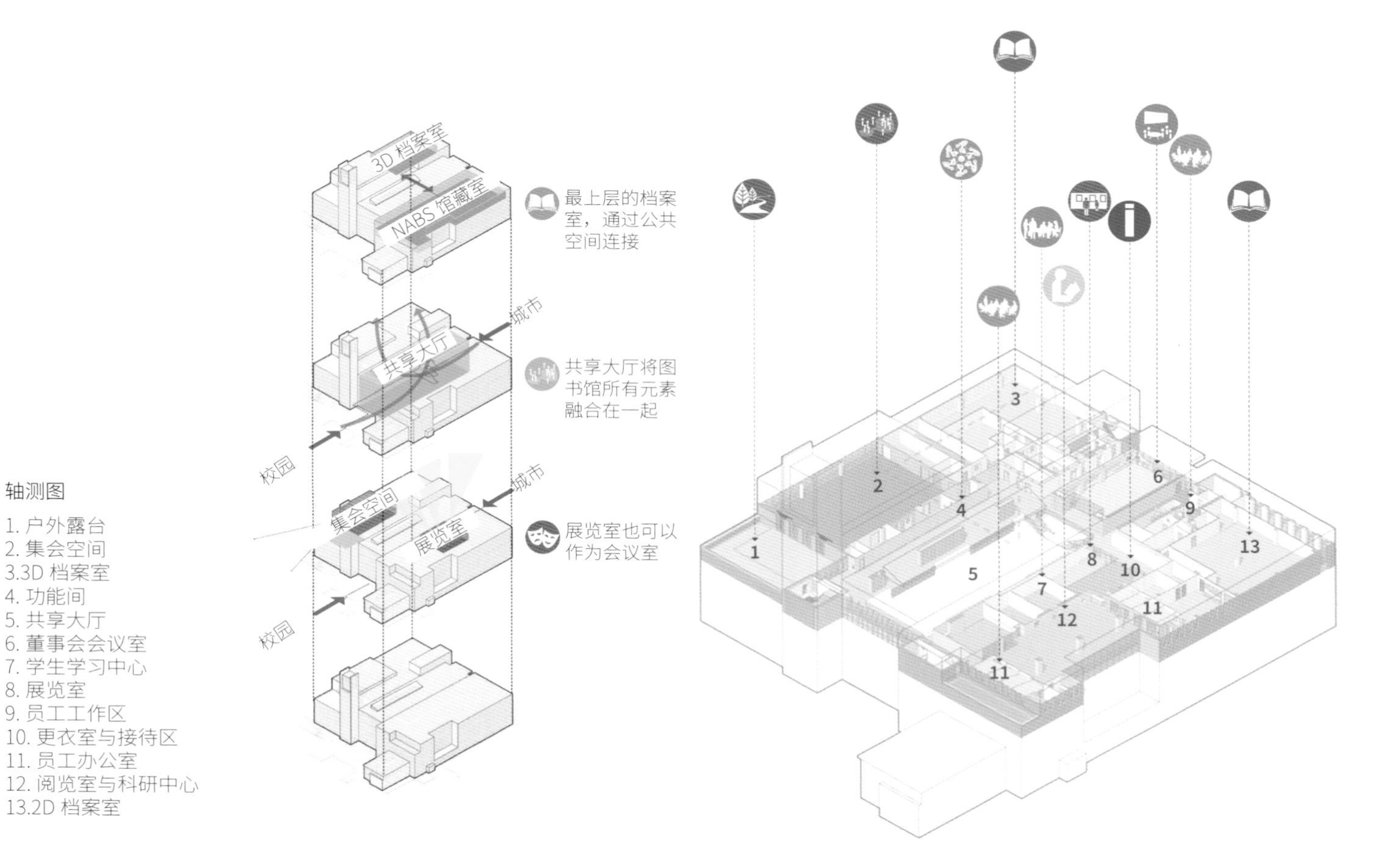

协作共享空间

1. 辅导室
2. 员工区
3. 书库
4. 特殊馆藏室
5. 教师资料室
6. 写作室
7. 多媒体实验室
8. 咖啡厅
9. 教室
10. 学生服务区

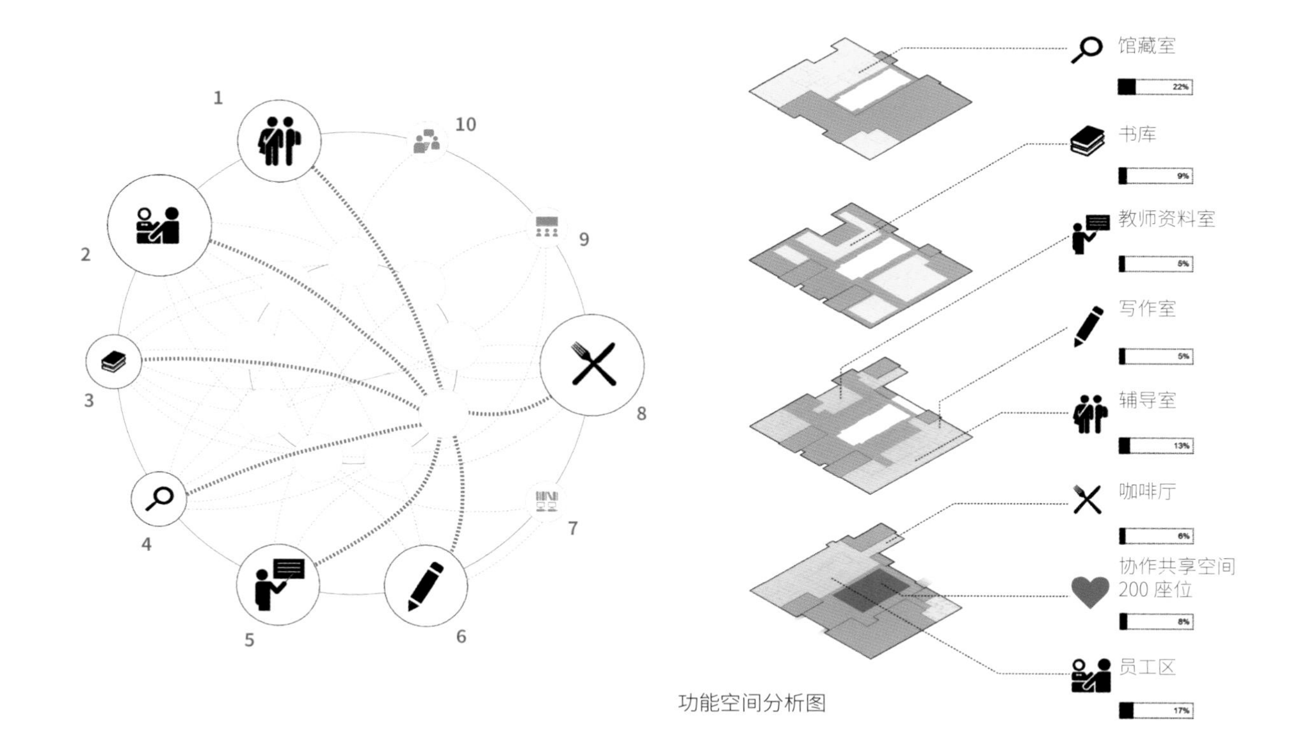

功能空间分析图

项目基地的位置给设计师带来了一大难题和挑战。基地处于校园中历史悠久的十字路口，要将建筑物融入现有系统的肌理，使 2 万多平方米的庞大建筑不致显得突兀，设计师针对性地制定了各种策略。此外，建筑物也协调了校园其他尺度、特色不一的建筑。建筑物东侧朝向 13 号公路和市区，作为迎接群众的门户，东立面的设计较宏伟而且带公用建筑的特质；建筑物西侧前方是红场（Red Square），那里不但是标志性的学生广场，同时是校园的聚会空间，因此西侧建筑立面的形态较为亲民。

Collections
Center for Student Achiever

Collections
Faculty Center & Group Study
Center for Student

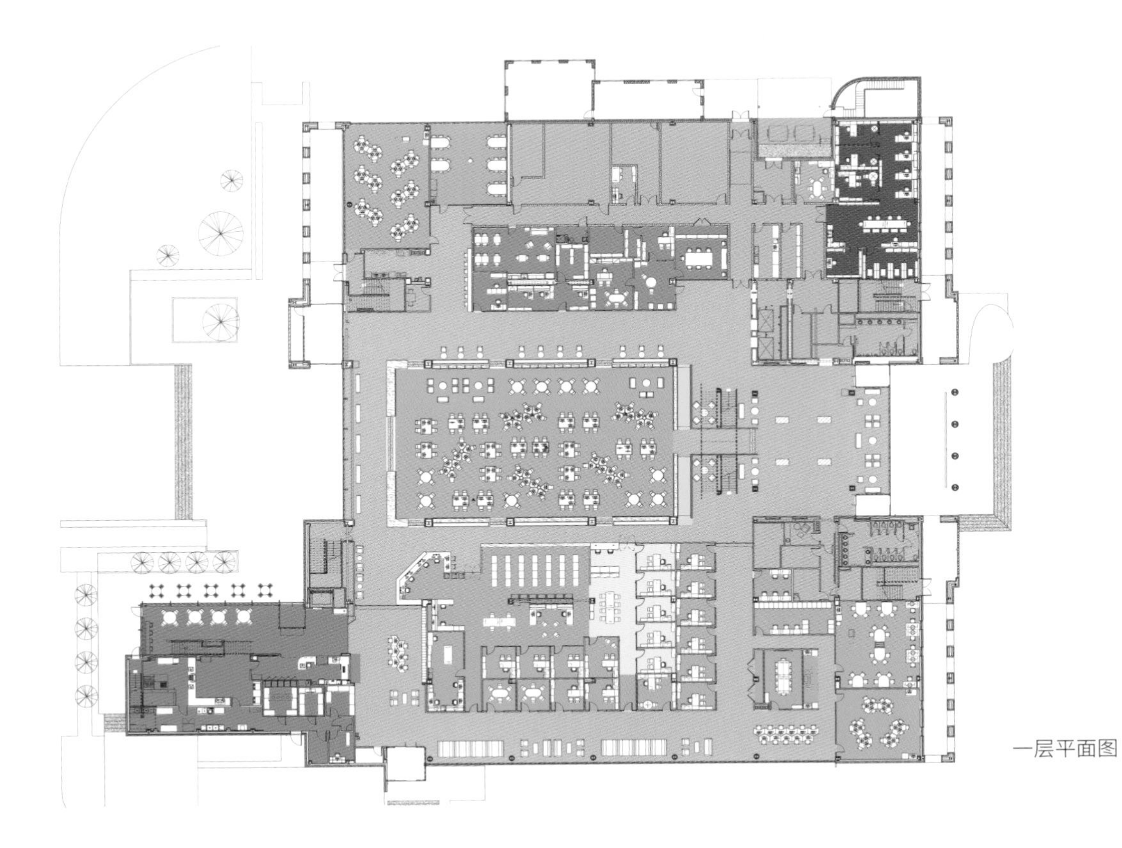

一层平面图

Collections

DIRECTORY
4
3
Seminar Rooms
2
Computer Lab
Center for Student Achievement
Group Study
Café
Faculty Center
Instructional Design & Delivery
Math Emporium
University Writing Center
Graduate Commons
1
Library Services
Classrooms
IT Help
Library & IT Offices
Security
Café
Research Commons

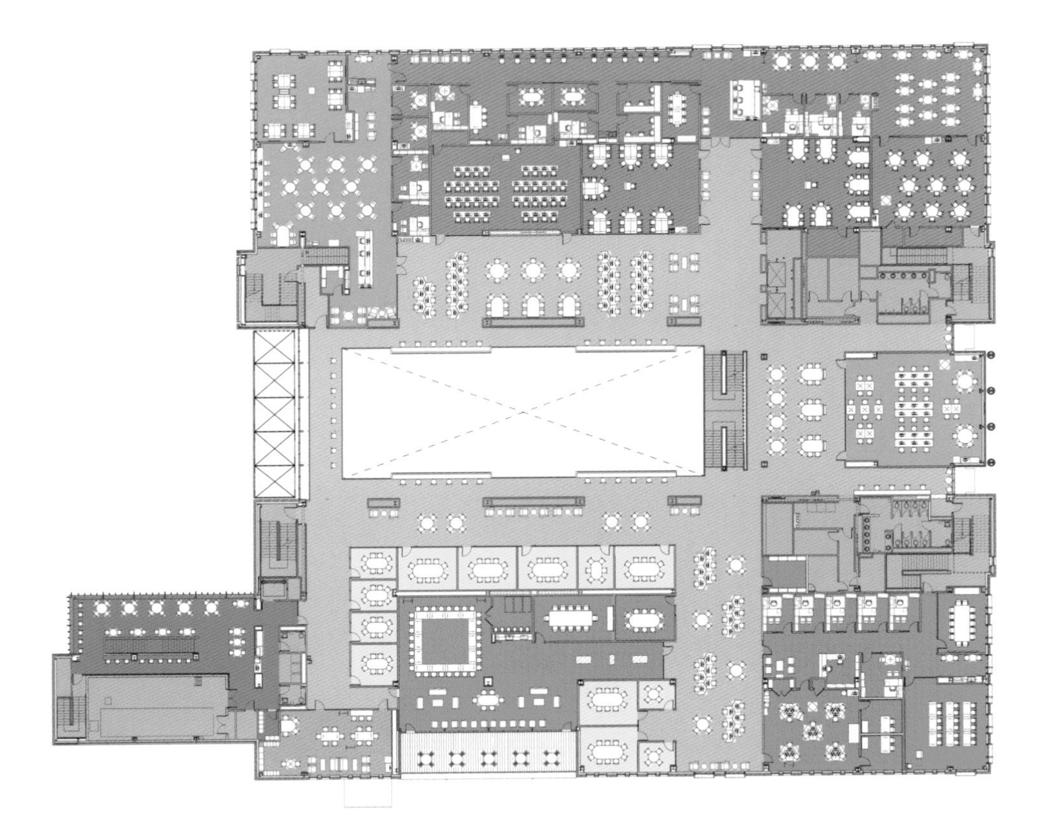

二层平面图

Collections

2016

项目地点：英国，剑桥
完成时间：2017 年
建筑设计：尼尔·麦克劳林建筑事务所
摄影：尼尔·麦克劳林建筑事务所
内部建筑总面积：4140 平方米

耶稣学院西院

设计理念

耶稣学院西院项目是三期工程中的第一期。它提供了一个极好的机会，将这些老建筑融入学院的新中心。项目耗时 18 个月，分批交工，首先是对二级历史名录建筑进行翻修，然后是新的咖啡厅和地下酒吧，最后是重建的 20 世纪 70 年代排名楼和新的入口建筑。

翻修的韦伯楼围绕着保护区内的庭院展开，提供办公室、社交空间和学生住宿。新的咖啡厅和地下酒吧向北延伸，进入景观，在韦伯楼与学院其他区域之间建起了重要的连接。

在朝向城市的庭院南侧，改造后的排名大楼提供了拥有 180 个座位的演讲厅、研究和教学设施以及访客住宿。它还设有全球性研究中心——知识论坛。

原有的建筑物由一个新的延伸部分连接起来，其中包括接待、展览和会议设施。以一盏玻璃灯笼为标志，它为西院提供了突出的公众通道， 同时也将与未来的开发阶段相连接。

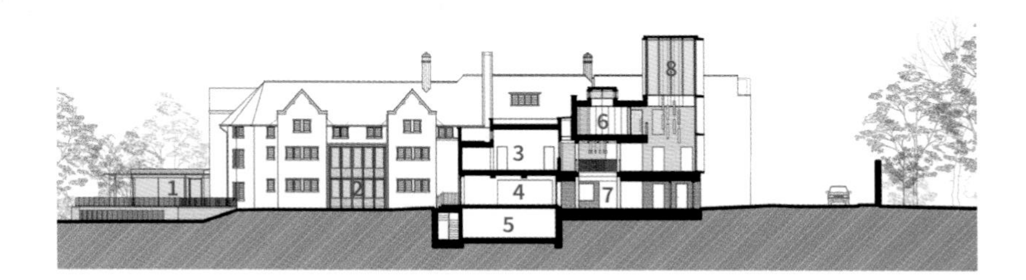

剖面图 1

1. 咖啡亭
2. 木框玻璃屏风
3. 厨房
4. 画廊
5. 厂房
6. 会议室
7. 建筑入口处
8. 灯笼屋顶

剖面图 2

1. 地下室酒吧
2. 咖啡亭
3. 咖啡馆
4. 韦伯图书馆（多功能厅）
5. 阶梯教室
6. 宿舍

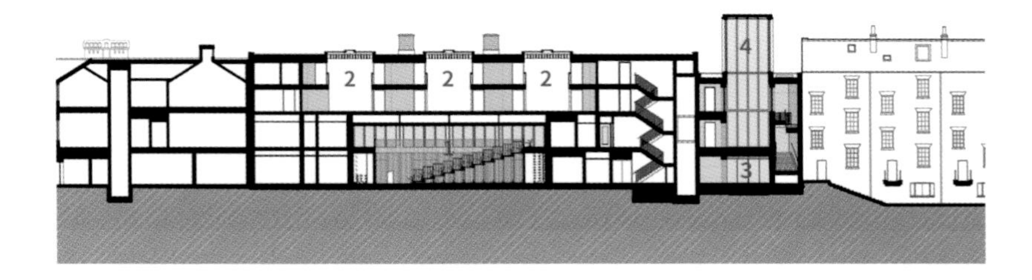

剖面图 3

1. 阶梯教室
2. 通向宿舍走廊的顶灯
3. 建筑入口处
4. 灯笼屋顶

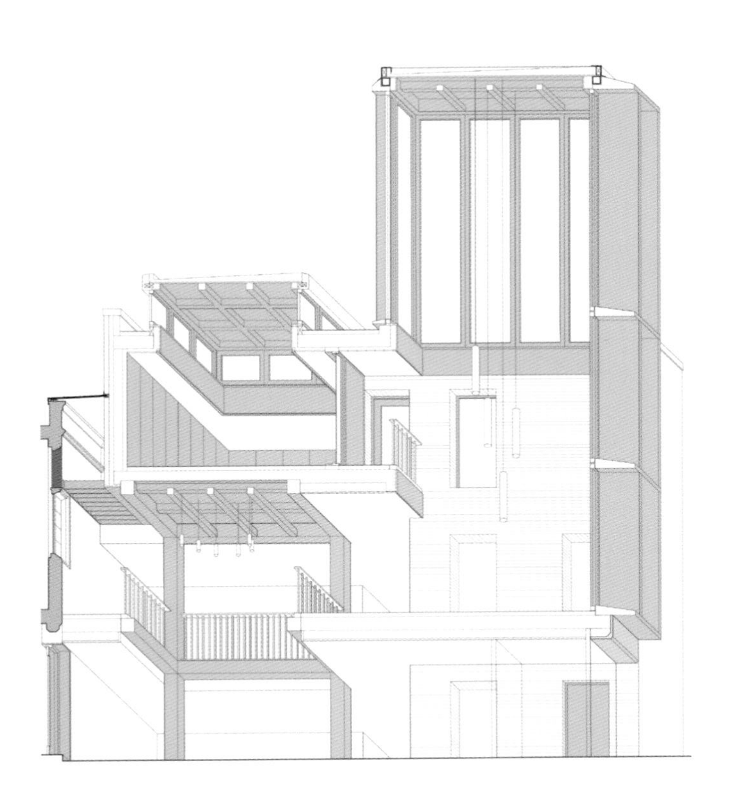

3D 剖面图

设计必须适应各种各样的建筑现状和场地条件，以及从翻新到新建筑的各种建筑类型。咖啡厅的轻质玻璃木绿廊与入口建筑敦厚的砖石和项目结构大不相同，后者也不同于改造后的排名大楼的阳台和异形石墙。在细节方面，重复的机会有限。相反，通过橡木、石材、砖块和地砖等高质量的传统材料，现场的各种元素被统一起来。 这些都是为了适应历史环境而选择的。细部设计反映了原有特色和当地元素。未处理的橡木胶合板在玻璃周围的框架形成了切角的造型，与原有的石窗遥相呼应。建筑师希望这两种材料能随着时间的推移，逐渐风化统一。朝向街道的新石墙上刻有扇形纹理，突出了外墙的垂直感，同时还能防止涂鸦。咖啡厅的木结构被认为是景观中的绿廊，纤细的雪茄形柱和精致的十字形连接细节令人赞叹。

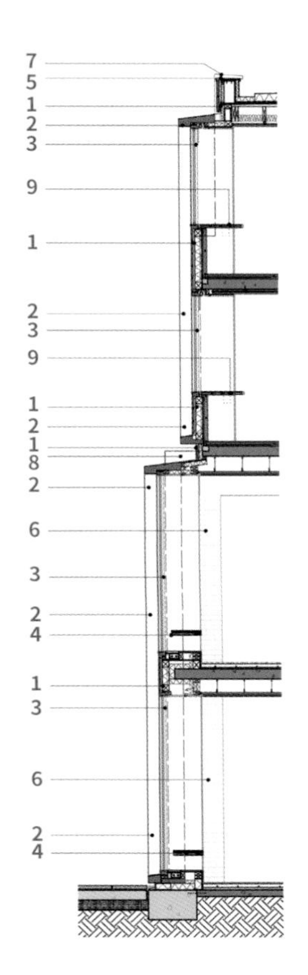

北立面剖面细部图

1. 橡木板
2. 橡木胶合框架，带 PPC 铝防水板
3. 配有固定玻璃的定制橡木框
4. 固定窗座（内部）
5.PPC 铝盖顶
6. 砖混支墩
7. 定制石材封顶
8. 现浇混凝土封顶
9. 固定书桌

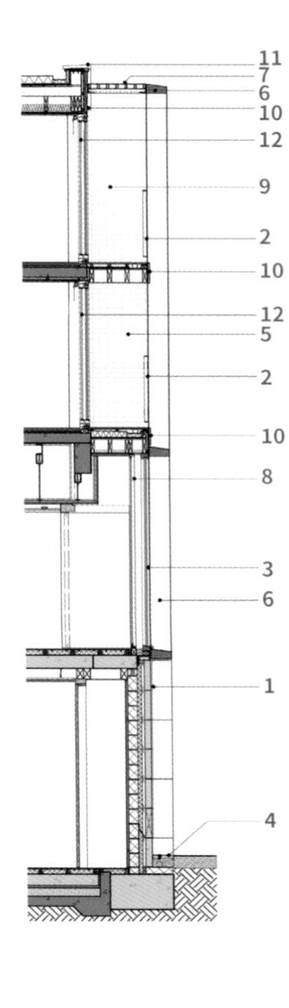

南立面剖面细部图

1. 定制石砌石
2. PPC 金属栏杆
3. 带固定玻璃的定制橡木框
4. LED 上光的碎石铺装
5. 砖混支墩
6. 橡木胶合框架，带 PPC 铝防水板
7. 橡木遮阳板
8. 隔音 PPC 铝框
9. 定制石材封顶
10. 橡木板
11.PPC 铝盖顶
12. 专有金属包层木框玻璃推拉门和纱窗

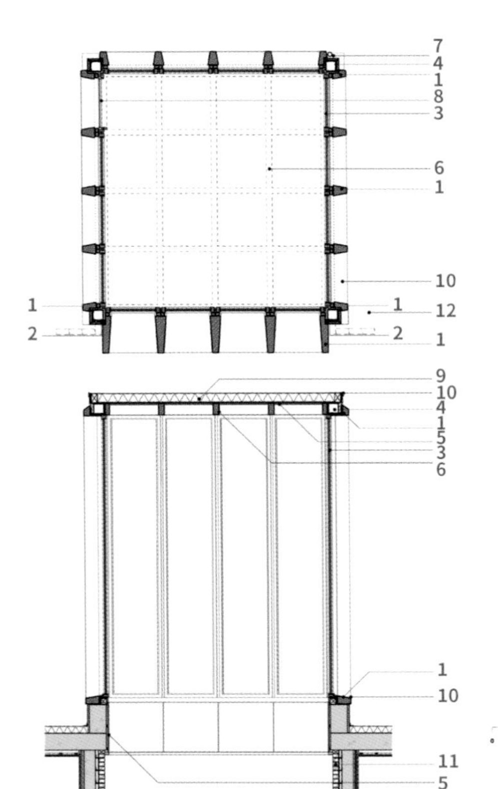

灯笼屋顶细部图

1. 橡木胶合框架
2. 橡木胶合窗台
3. 固定木框窗
4. 橡木包层钢结构
5. 橡木饰面
6. 工字梁
7. PPC 铝质板
8. 用于自然通风的电动单层重叠玻璃百叶窗
9. 单层屋顶膜
10. PPC 铝装饰
11. 砖砌材料
12. 石材主屋顶

该项目涉及到许多挑战，包括严格的规划限制、严格的计划、受限的场地以及紧邻繁忙街道的已有建筑中打造音响效果良好且技术先进的演讲大厅。一期工程的成功可以归结于把这些不同的建筑物重新纳入学院社区的重要生活，同时也在剑桥中心向公众展示了一个外向的形象。

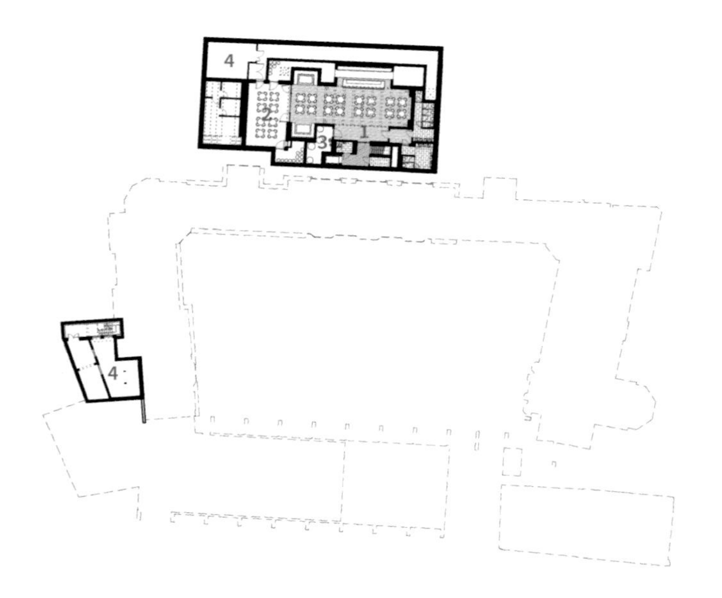

地下一层平面图

1. 地下酒吧
2. 下沉露台
3. 小啤酒厂
4. 车间

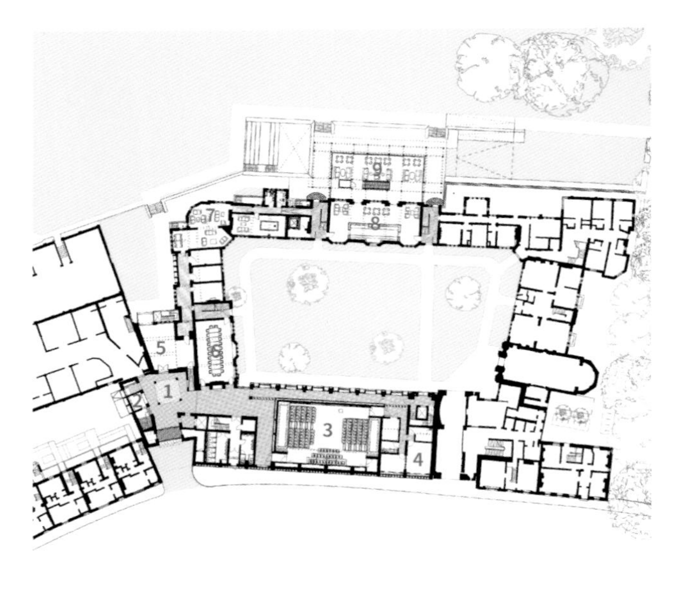

一层平面图

1. 入口
2. 接待处
3. 阶梯教室
4. 医学教学室
5. 展览室
6. 多功能间
7. 公共休息室
8. 咖啡馆
9. 咖啡亭

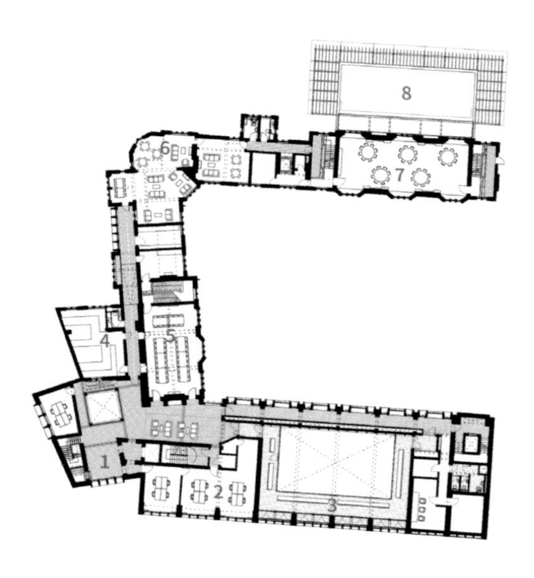

二层平面图

1. 入口
2. 行政办公室
3. 阶梯教室
4. 厨房
5. 餐厅
6. 公共休息室
7. 图书室
8. 屋顶咖啡亭

屋顶平面图

地点：中国，天津
完成时间：2016 年
设计公司：同济大学建筑设计研究院（集团）有限公司建筑设计三院
项目总负责人：王文胜
建筑设计：黄俊
结构设计：孟春光、刘剑锋
用地面积：28,253 平方米
建筑面积：21,467 平方米
摄影：章鱼建筑摄影
主要建筑材料：面砖、陶板、清水混凝土
获奖情况：2017 全国优秀工程勘察设计行业奖建筑工程一等奖
2017 教育部优秀工程设计二等奖

南开大学新校区环境科学与工程学院

设计背景

南开大学环境科学与工程学院位于南开大学新校区历史文化轴线南侧，与旅游服务学院相望。总用地面积 28,253 平方米，总建筑面积 21,467 平方米。建筑地上 4 层，无地下层。

环境科学与工程学院是西校门入口处最重要的校园建筑之一，总体布局简洁，建筑个性鲜明，形体稳重大气，建筑造型与新校区整体风貌及南开大学的历史文脉相契合，体现了南开大学百年学府的气质与内涵。

庆祝环境科学与工程学院乔迁新校区

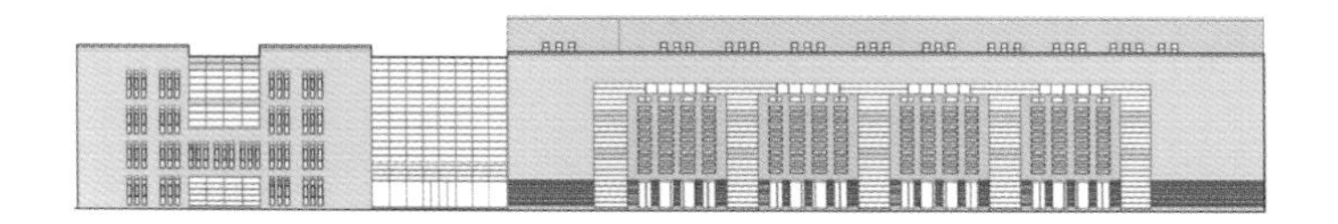

立面图 1

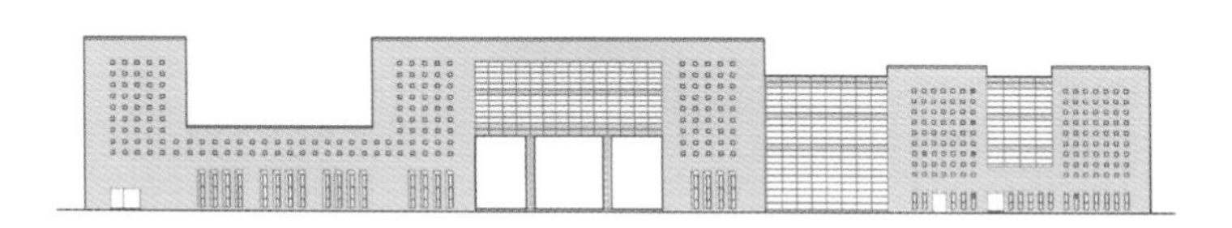

立面图 2

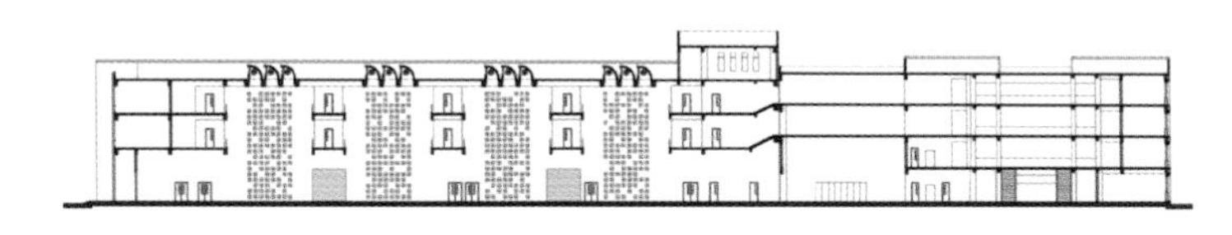

剖面图 1

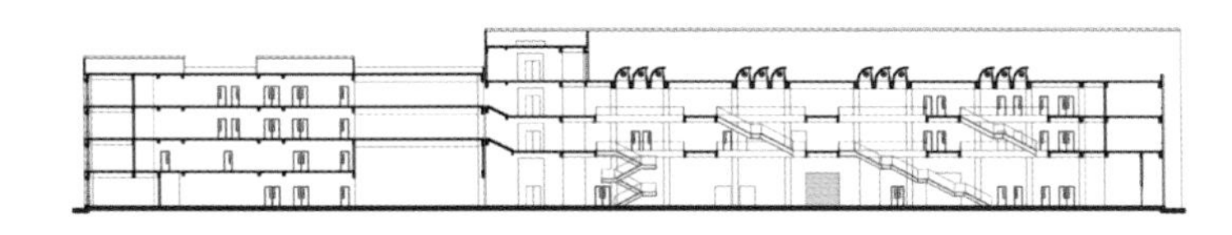

剖面图 2

设计理念

环境之脉。设计最初的想法源自于对环境科学本原的思考，从自然中的“脉络结构”汲取灵感，以脉络结构作为组织建筑的原型，将环境科学中多层次、多结构、多学科的组成部分有机地整合起来。

理性和秩序。设计从南开大学百年的文化底蕴和文脉出发，通过简洁明确的建筑形体，力图体现高等学府的理性之美、秩序之美。

浪漫与和谐。设计从地域特征和学校文脉出发，力求塑造理性而不失浪漫、大气彰显细腻的建筑形象。

高科技与高情感的均衡。设计从人的“尺度”出发，注重高科技与高情感的均衡，塑造不同性格特点的场所和空间。

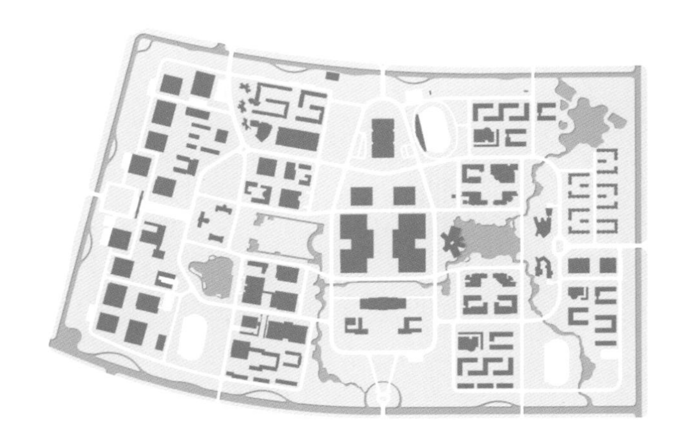

区位图

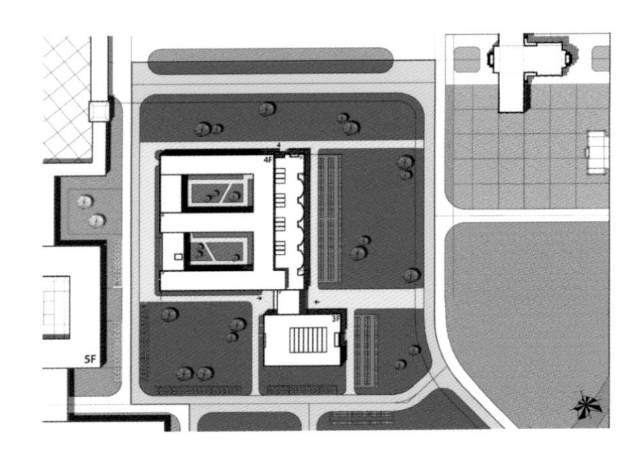

总平面图

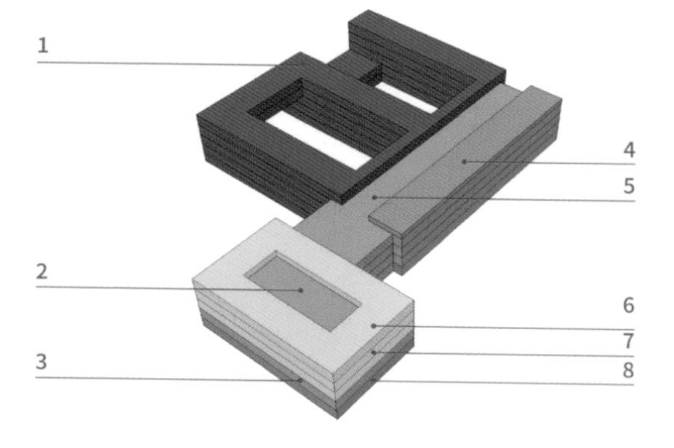

功能区指示图

1. 教学实验 + 科研实验
2. 南侧共享中庭
3. 行政办公室
4. 大型实验室
5. 北侧共享中庭
6. 研究生工作室
7. 教师办公室
8. 普通教室 + 图书资料室

设计特点

“综合一体化”的深入研究

环境科学是一门综合而复杂的学科，具有多层次、多结构的学科特点。南开大学环科楼在功能要求方面涵盖了科研实验、教学实验、普通教学、行政办公、教授办公、会议等多种功能，而实验部分又包含具有洁净要求的实验室、具有高大空间要求的实验室、具有特殊设备要求的实验室和具有危险性的实验室等。因此如何整合不同功能之间的关系，以及如何梳理功能与空间、功能与形式之间的关系成为本项目的关键。

最终本案通过“脉络结构”建立动静分区，将普通教学与办公部分布置于南侧，呈点式集中布局；科研实验和教学实验布置于北侧，呈“8”字形分散式布局，两者通过一条贯穿南北的“空间脉络”串联起来，使得不同的功能空间既相互独立、互不干扰，又能够成为一个有机的整体。而“空间脉络”在承载和串联不同功能的同时，也成了“社交活动的容器”。

设计将具有特殊要求的实验室置于一层，建筑东立面上四个弧形“容器”即为大型实验室。它们沿着“脉络机构”有机地排列，展现出环境学院独特的建筑个性。

地域性特色的探索和校园文脉的传承

建筑位于新校区西侧，其西面紧临城市道路，因此建筑也成了学校形象对外展示的一个重要节点。如何通过建筑本身展示南开大学百年的文化沉淀，如何表现出建筑的地域性特色成为本项目需要重点研究的课题。

设计最终通过简洁有力的建筑形体，虚实结合的处理手法，表现出建筑敦实稳重，内敛舒展的姿态。外饰面采用红色陶土面砖和灰色清水混凝土饰面，与校园整体定位和风格相协调。

实验区域“8”字形的建筑布局营造出两个内院空间，其中一个内院空间通过屋顶花园与外界连通，而另一个内庭院则通过底层架空与外界连通。

细部构造之美

根据当地的气候特征等客观条件，本工程采用页岩空心砖外墙自保温系统，在这种既定构造做法基础上，设计通过技术手段，以特定的构造做法，表现出建筑的造型细节，并兼顾经济性、实用性和耐久性。

绿色生态节能

首先，在满足功能需求的基础上，建筑形体设计尽量简洁规整，有利于减少建筑能耗。其次，建筑中庭设置条形采光天窗，为室内空间带来自然采光的同时，通过烟囱效应调节室内微气候。再次，建筑局部屋顶设置屋顶花园，通过植被覆盖降低室内热辐射，达到节能减排的效用。

室内空间形态与功能的契合

建筑室内空间以简洁纯净的基调为主，强调几何形和光影对空间的塑造。入口门厅两层通高，门厅强调简洁有力的线条感和纯粹的几何形。

进入门厅后向南北两边分别可达南区（教学办公部分）中庭和北区（实验部分）中庭。两个中庭具有不同的性格特点：南区中庭采用集中的、稳定的空间形态，服务于相对安静的办公、普通教学及学术科研；北区中庭则采用线性的、动态的空间形态，服务于不同类型的实验、思维的交流和观点的碰撞。中庭空间的室内设计力求做到简洁纯粹，白色的墙面和地面，局部点缀以木色地板和浅黄色的石材。屋顶通长的天窗将自然光线间接地带入到室内。光线从屋顶洒下来，一道道染在墙面上，随着时间变化着，塑造出整个空间的纪念性。

项目地点：中国，上海
完成时间： 2019 年
建筑设计：同济大学建筑设计研究院（集团）有限公司
项目总负责人：王文胜
建筑设计团队：王辉、邱班中、万朋朋
摄影：马元
建筑面积：56,030 平方米
主要建筑材料：真石漆（仿石涂料）、铝合金幕墙

现代交通工程中心

设计理念

本项目坐落在佘山之侧、上海工程技术大学松江校区北部，由三个工程学院及配套的报告厅、创客中心、展厅组成，是一座综合性的教学大楼。

该建设用地并不宽裕，容积率达 3.3。在集约化、多功能、高密度的命题下，设计师提出了建筑集群的概念，借鉴了在局促环境的设计策略，提炼“交”“通”的概念作为组织建筑体系的原则，通过形态的并置整合、功能的精简共享、开放空间的串联叠加，以营造一个契合当代学科交融新趋势的教育综合体。

建筑以谦虚的姿态消弭体量的突兀感，将庭院化整为零，引入三种负空间：广场、庭院、中厅，增强外部空间多样性和层次感，并满足更多房间的采光、通风需求。

三角形广场是最重要的“负”空间，建筑界面呈 135 度角退界，以开放、包容的姿态缓解与道路的冲突，避免贴线产生的压迫感，增强了与环境的关联性和趣味性；3 个学院门厅围绕广场布局，兼顾可达性和均好性；底层简洁、连续的曲线雨篷，实现了室内外之间、建筑向人的尺度过渡。

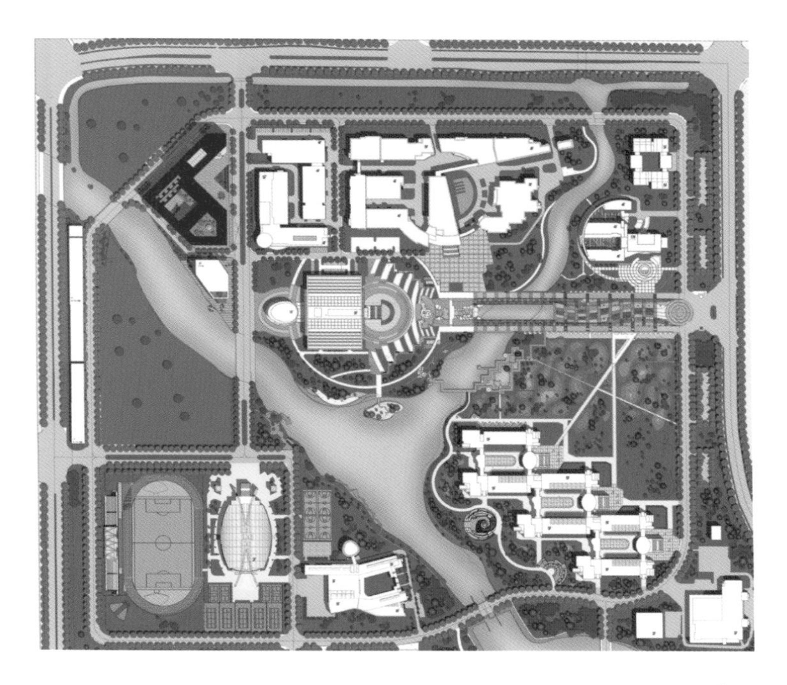

区位图

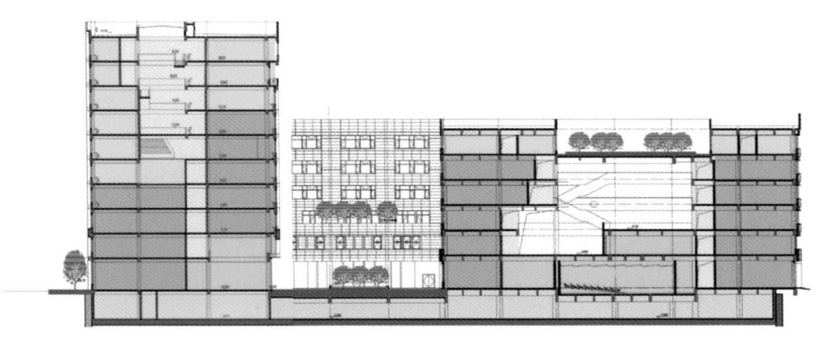

剖面图

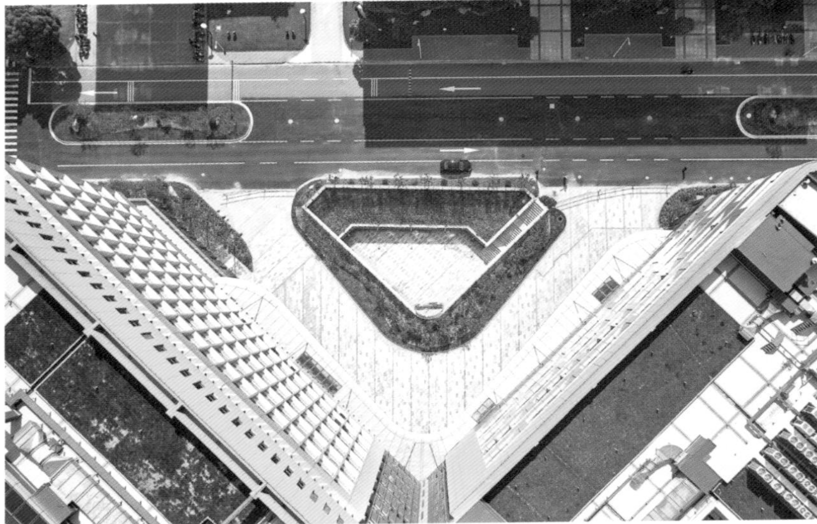

体现美学意图和创造美好环境是建筑的永恒特征，美学应表达人性的合理诉求。建筑以环境的丰富性满足师生多样化的心理需求。下沉庭院弱化了广场的空旷感，借以层叠的绿植增强亲和度。大厅经过“二次竖向设计”，使门厅、台阶与报告厅上方的平台，形成连贯的地面起伏与空间高度变化，六层空中花园、天窗与景观融为一体。高层也设置了 5 层通高采光中厅，光影演奏着时空的律动。在门厅右侧，视线透过展厅到达第 3 个“负”空间——退台叠落的内庭院，可透视到河旁的茵茵绿树。这些“广场、 厅、庭、台、院”形成贯通各学院的立体景观体系，当功能划分融合了公共环境与阳光绿化等自然要素时，人的心理诉求也就有了实现的可能。

立面设计语言考虑到学科特征及校园风貌。色调、材质和开窗逻辑延续原校园的“灰、红”色调搭配，以功能性为基础，通过简洁硬朗的形态设计，结合水平、竖向方形窗与斜面处理，突出体量感、展示理性与秩序之美。综合考虑了效果和造价因素，主要使用低价的真石漆，将造价较高、表现力强的铝板用于主入口和一层，以增添近人尺度的细节。

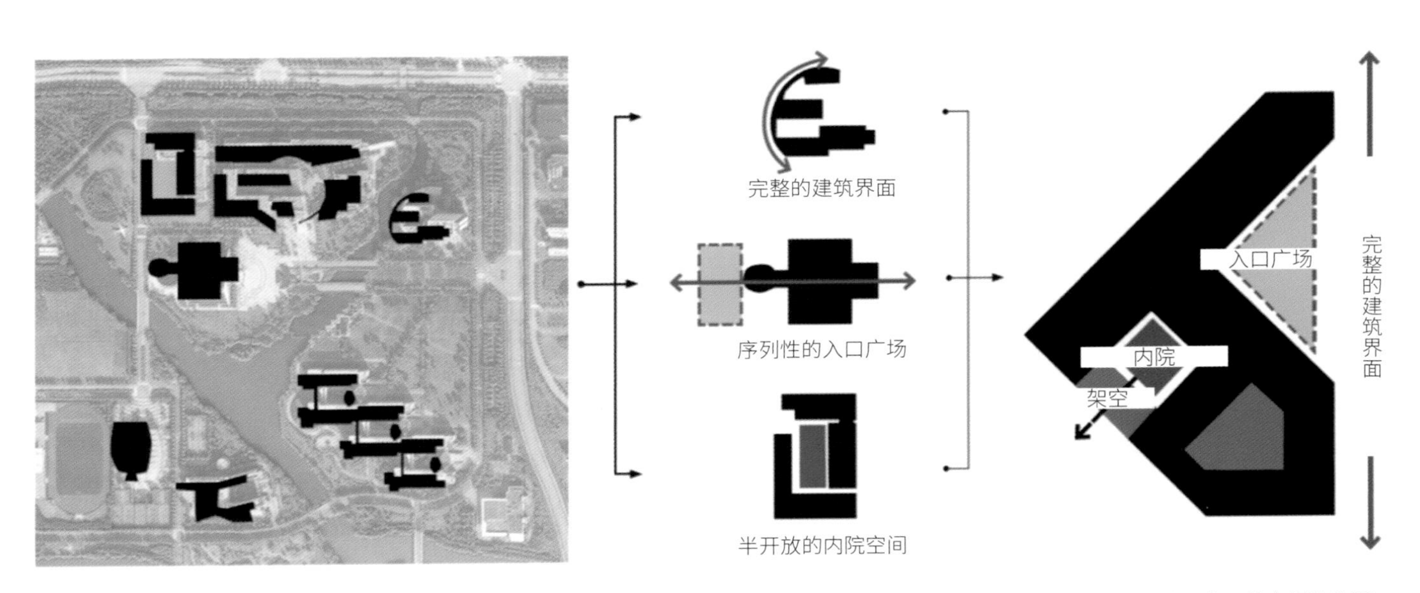

传承校区的空间结构图

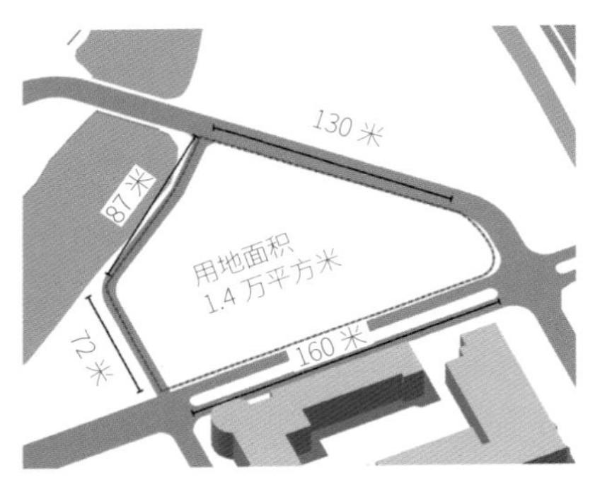

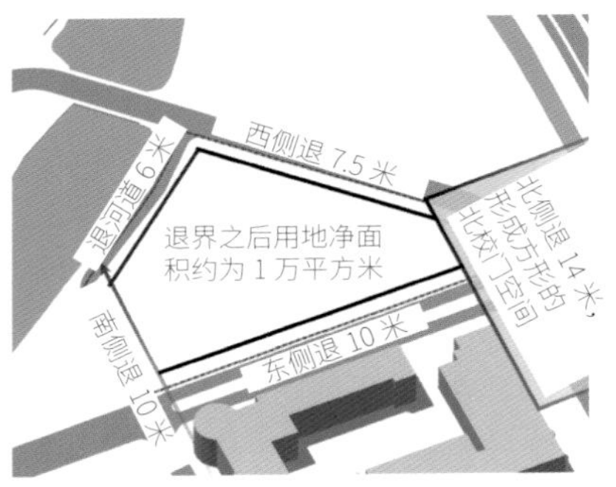

场地 - 用地为近三角形，给建筑物的布局带来挑战。

容量 - 用地紧张，用地净面积约 1 万平方米，而地上建筑面积为 4.65 万平方米，净容积率高达 4.65。

限高 - 规划要求本地块建筑高度不能大于临校华东政法大学塔楼的高度（约为 50 米）。

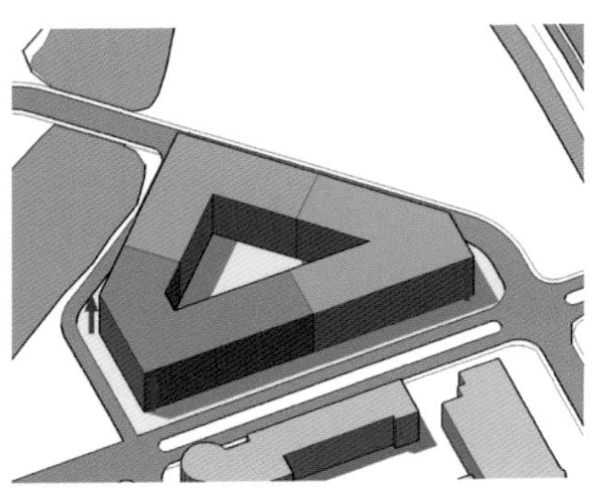

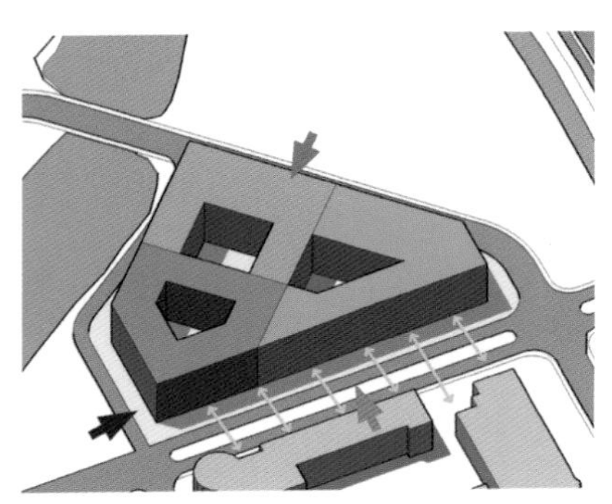

体量 - 为满足大量实验室一层直接对外开门的需求，三个学院贴线布置，并围合出中间的绿地庭院。

问题 - 建筑进深过大，条形空间不利于内部空间营造。

进深 - 对中间的庭院重新进行分解，形成三个独立负空间，为共享空间的打造提供可能性。同时，避免过多的大进深空间，利于功能排布。

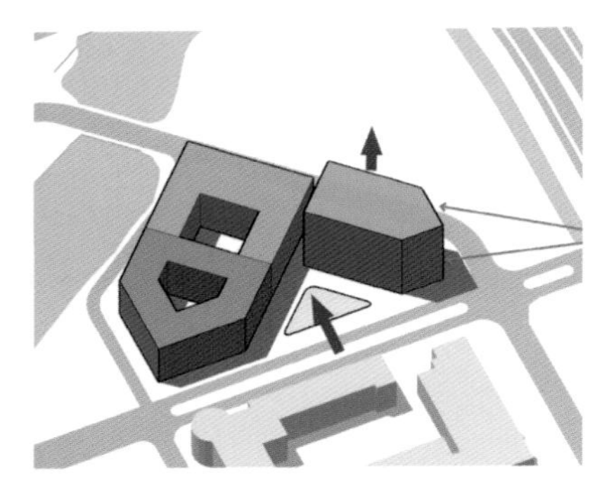

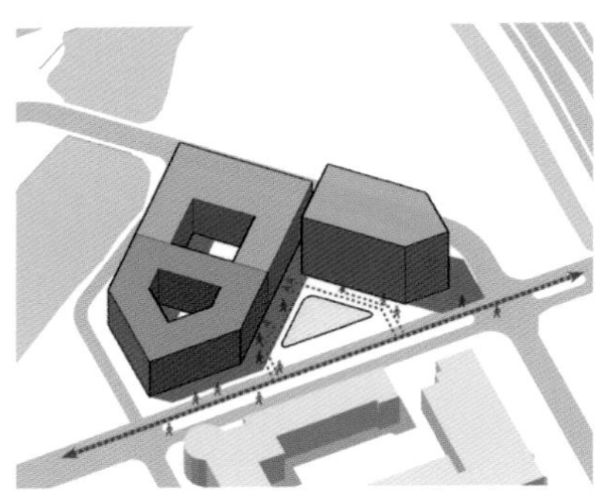

标志 - 拔高北侧的电子电气工程学院楼，形成校园北入口标志性建筑，满足校园的形象需求。同时避免过长的建筑界面对主轴的压迫。

整合 - 电子电气学院拔高后，在西侧沿校园主轴处形成约 1800 平方米的三角形广场。三个学院的门厅均围绕入口广场设置，兼顾三个学院的可达性。

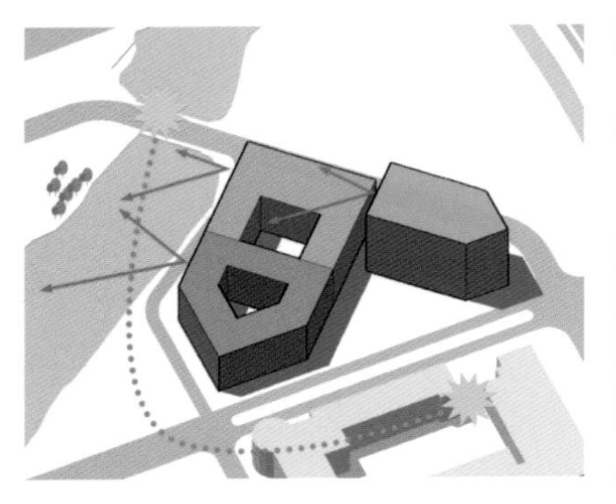

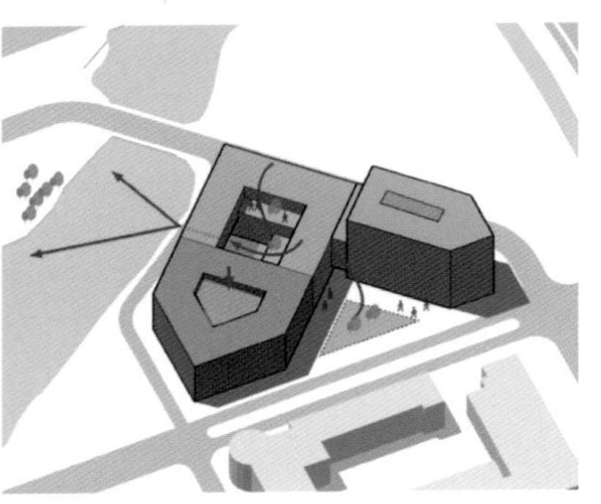

景观 - 经切削、内院插入、局部拔高后的建筑形体，各学院拥有了更好的日照与景观资源。

空间 - 插入院、厅、台等室内外公共空间，打造一个共享的空间体系。

形态生成分析图

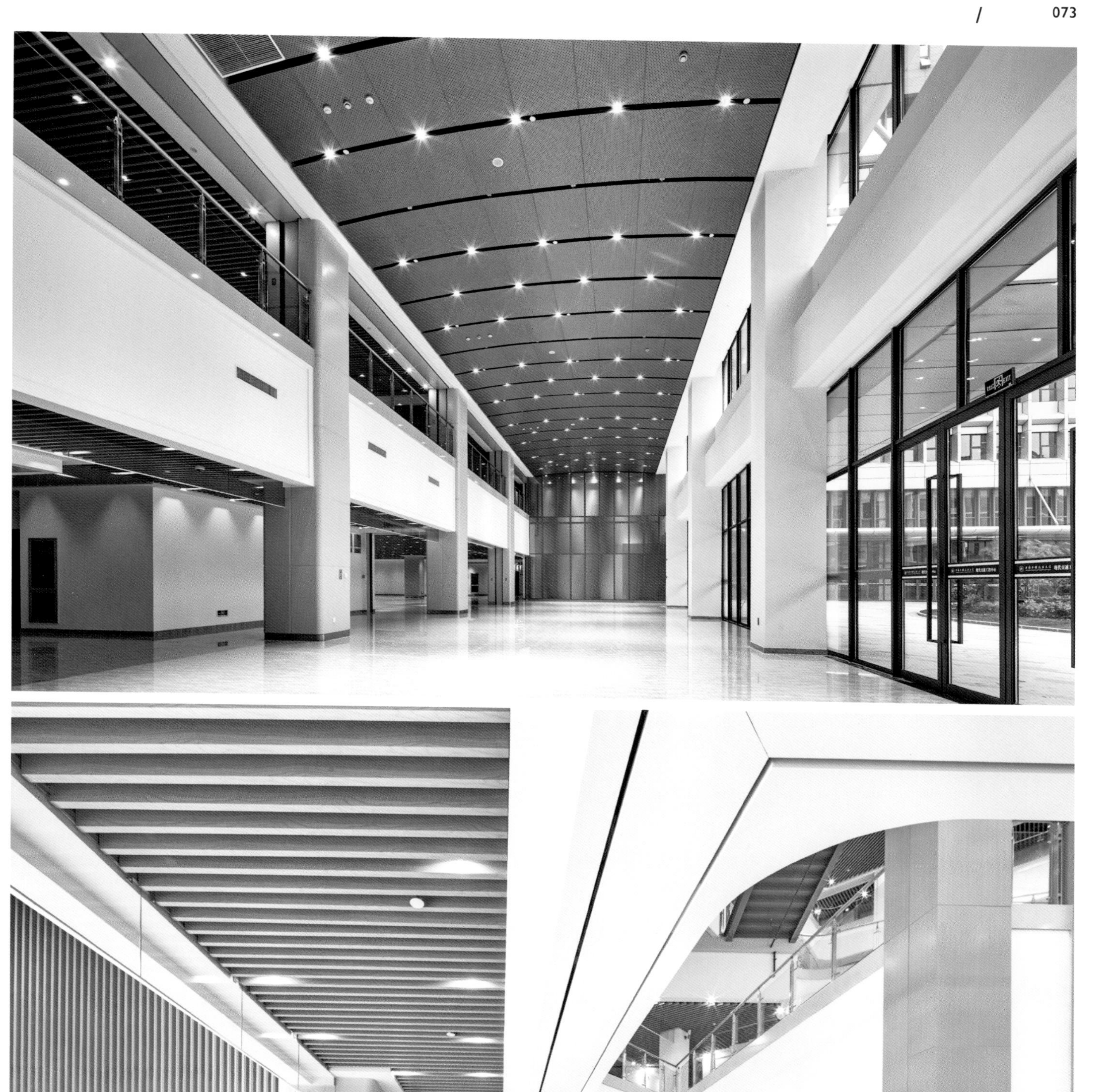

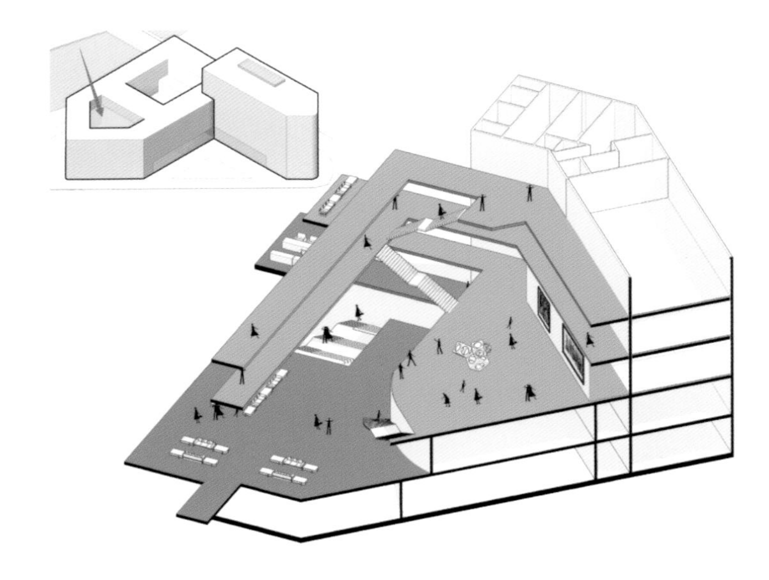

室内“二次竖向设计”分析图

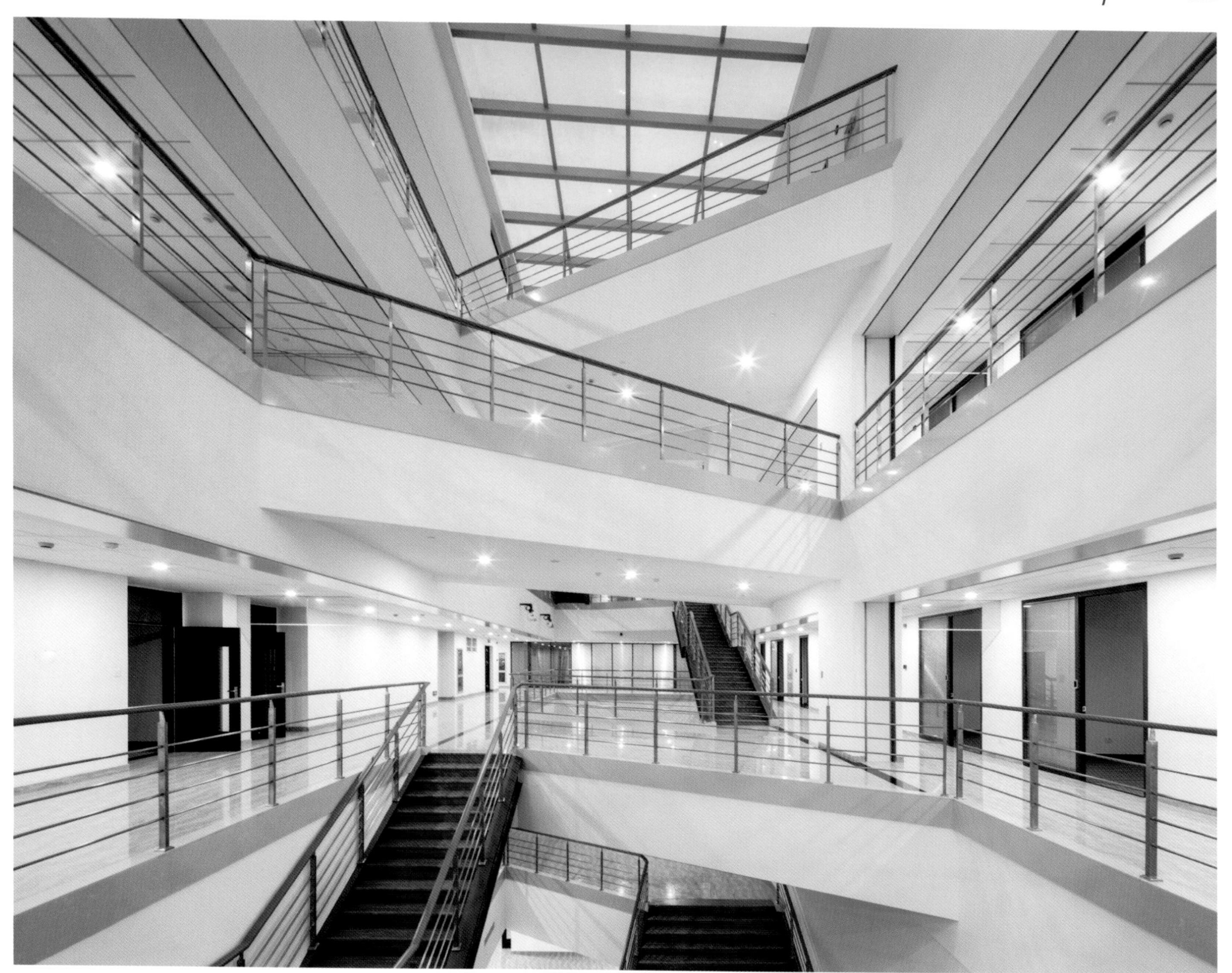

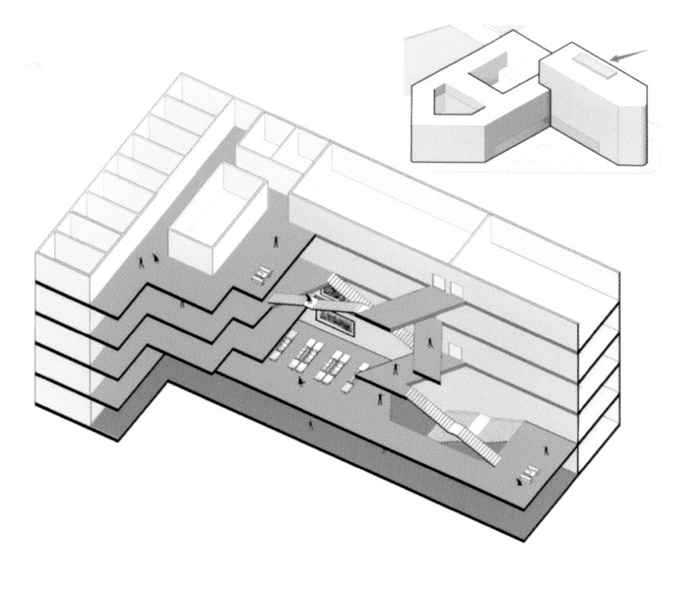

高楼层高采光中厅分析图

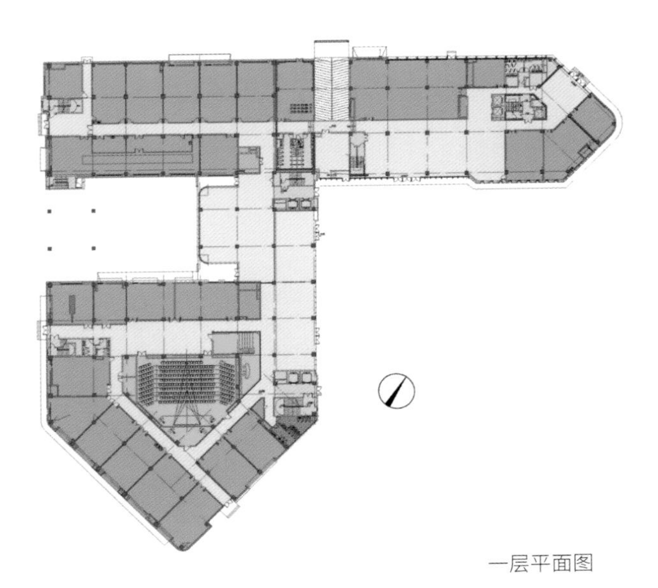

一层平面图

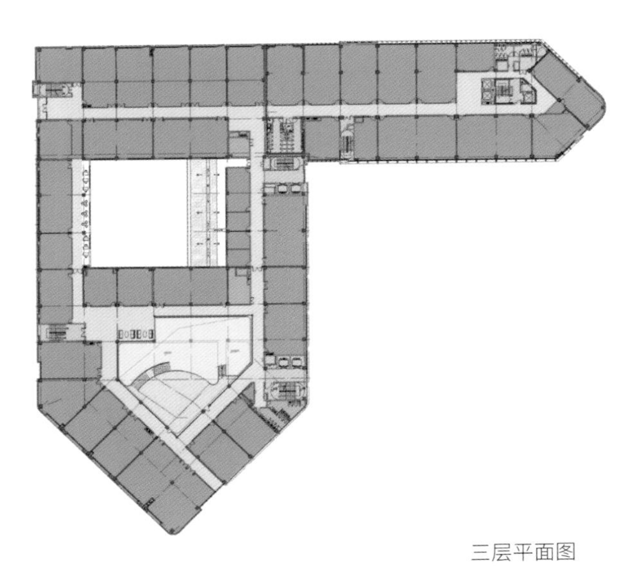

三层平面图

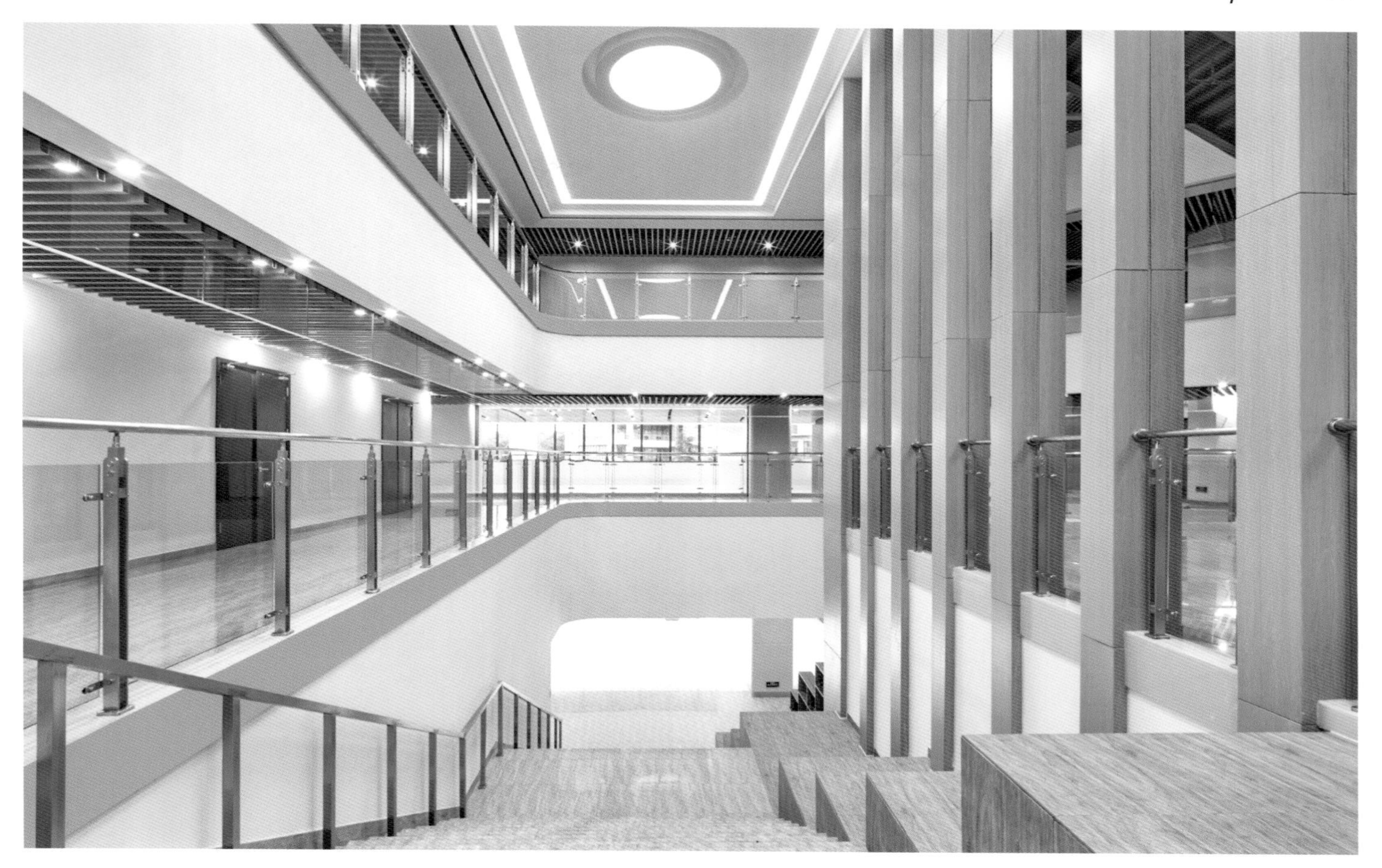

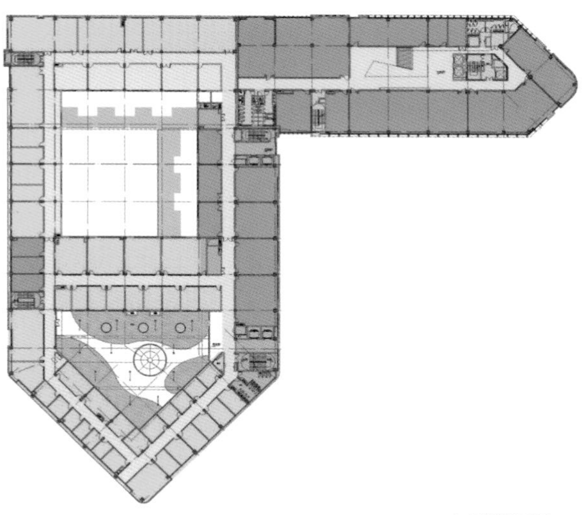

六层平面图

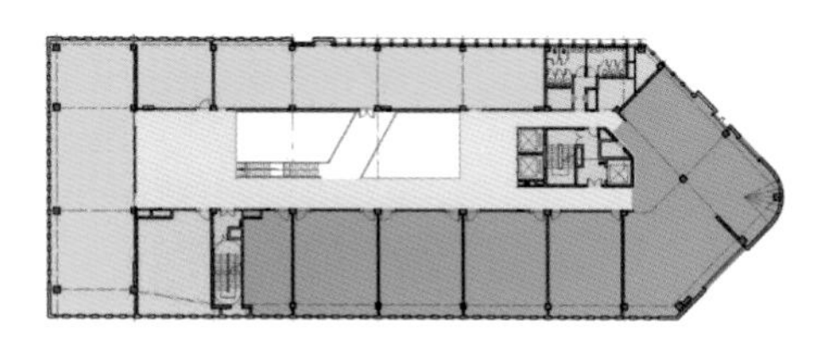

十一层平面图

项目地点：捷克，奥洛穆克
完成时间：2018 年
主创建筑师：米罗斯拉夫·博斯皮希尔
摄影：卢卡斯·珀利齐
总建筑面积：3875 平方米

帕拉克大学奥洛穆克校区体育学院

设计理念

整个建筑群由四座建筑物组成，由于资金要求，它们被分成两个独立投资的项目。一个是位于帕拉克大学奥洛穆克校区体育学院附近的巴罗应用中心，由三座新建筑组成，即 SO.02 连接通道、SO.03 测试厅和 SO.04 测试泳池。下一个施工阶段将对一家旧洗衣店进行改造和扩建，使之成为帕拉克大学奥洛穆克校区体育学院的 SO.01 亲属人类学研究中心。这四座建筑共同构成一个运营体。

建设的基本目的用于体育和医学研究，以及相关的教育过程。连接通道构成建筑群的主入口。楼下是小吃店、前台和娱乐空间。从这里可以进入其他建筑物，体验游泳池、宽敞的健身房、体操大厅、攀岩墙（室外和室内）、滑雪模拟器、原型工作室、测试实验室、研究工作室以及必要的卫生、行政和运营设施。

建筑群是由四个简单的块状结构组成，在运营和使用上各有不同。它们之间最明显的区别是外墙所运用的材料。测试厅的外墙采用生混凝土，配置攀爬架；测试泳池外墙是木板；亲属人类学中心外墙是陶瓷条； 而连接通道与其他建筑相连，正面采用了玻璃墙面。这样一来，建筑块形成了一个便于理解的组合。生混凝土、木材和玻璃这几种同样的材料在室内外都起到了重要的标志作用。

Univerzita Palackého v Olomouci
Fakulta tělesné kultury

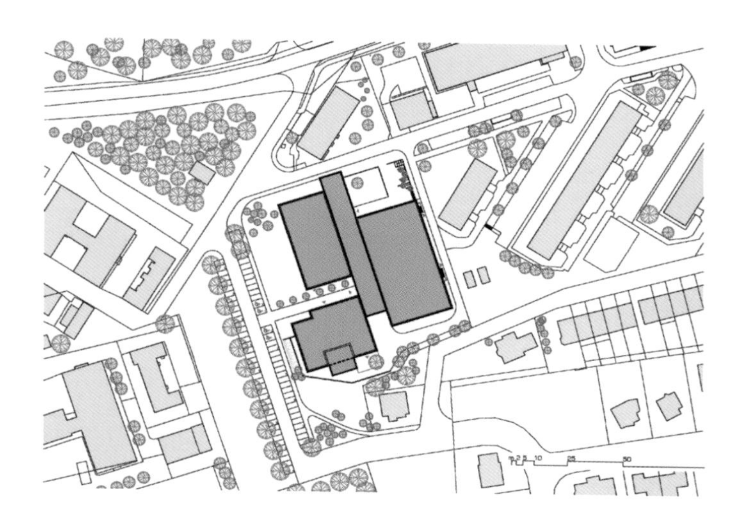

总布局图

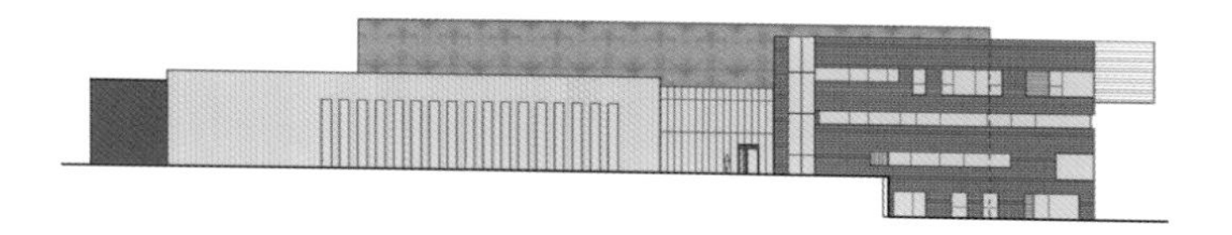

西南立面图

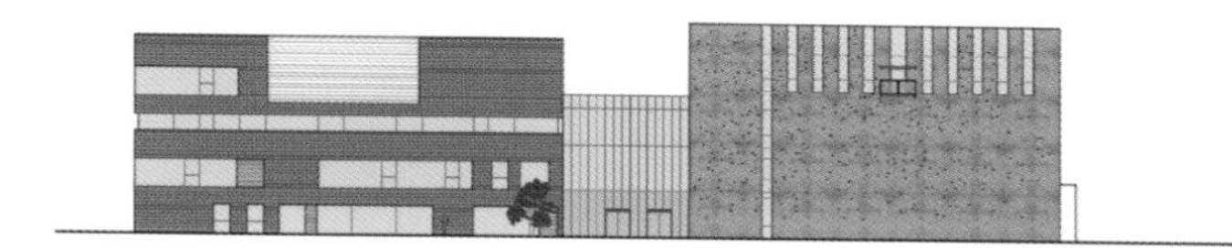

东南立面图

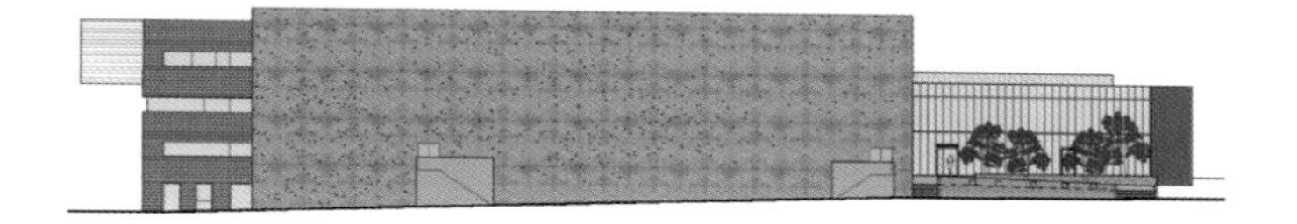

东北立面图

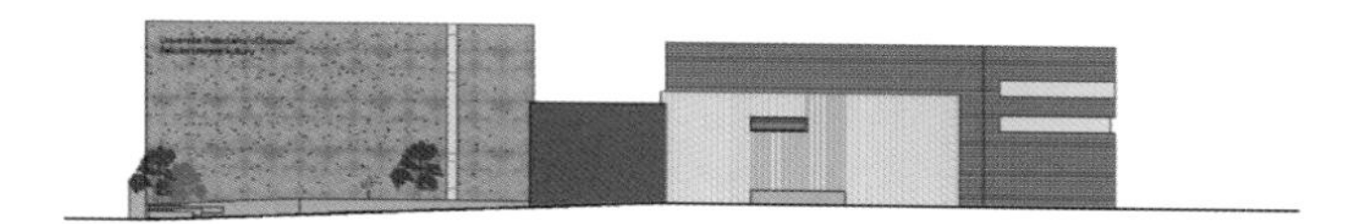

西北立面图

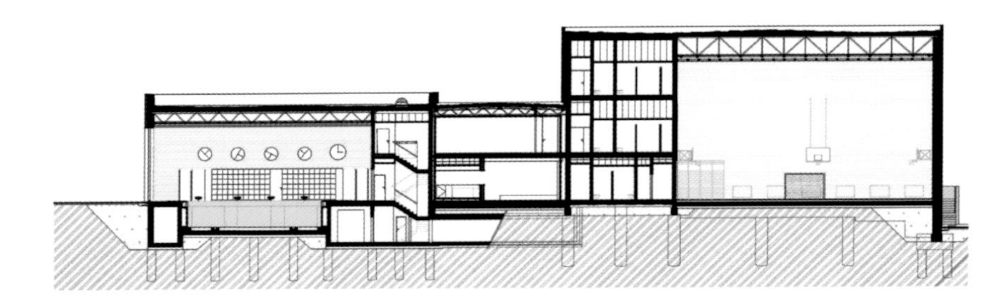

剖面图 AA

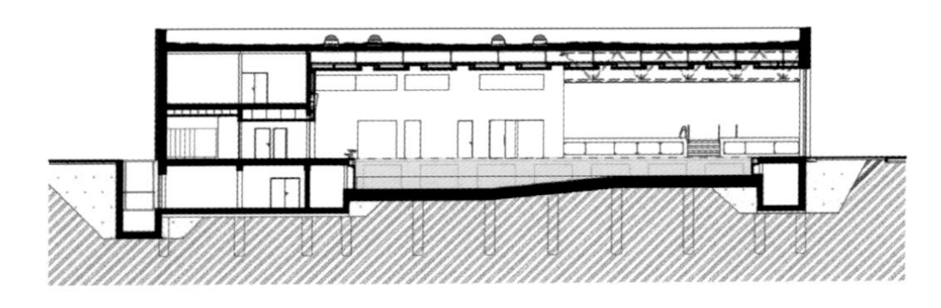

剖面图 BB

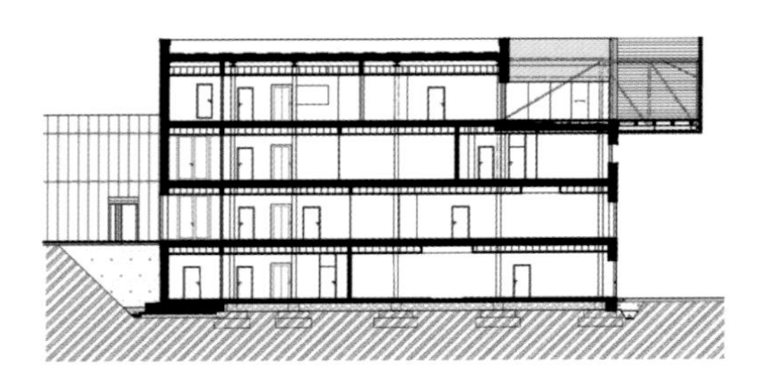

剖面图 EE

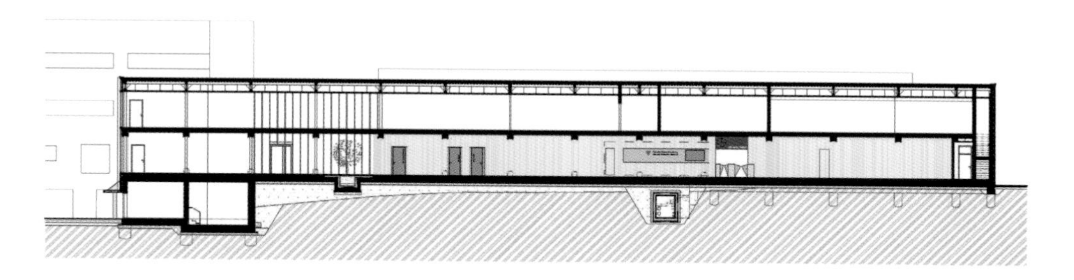

剖面图 CC

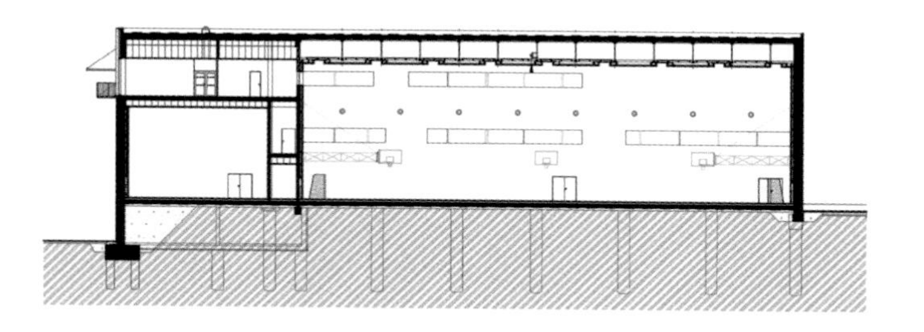

剖面图 DD

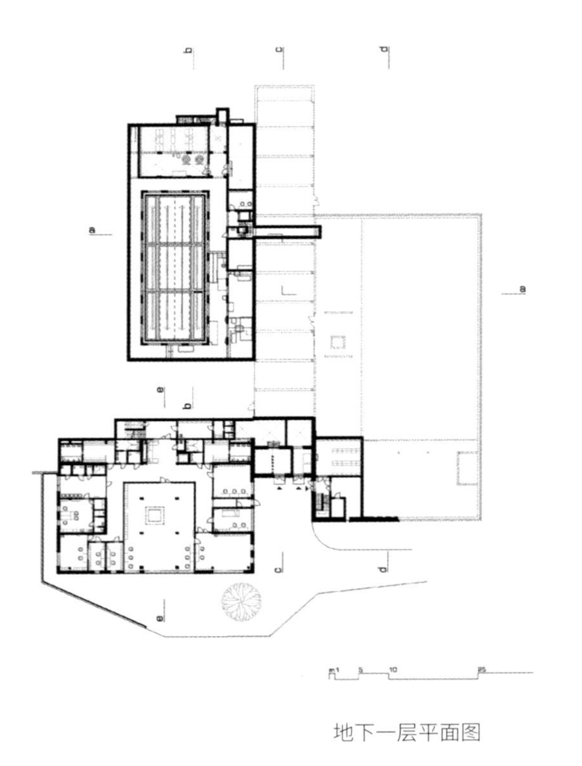

地下一层平面图

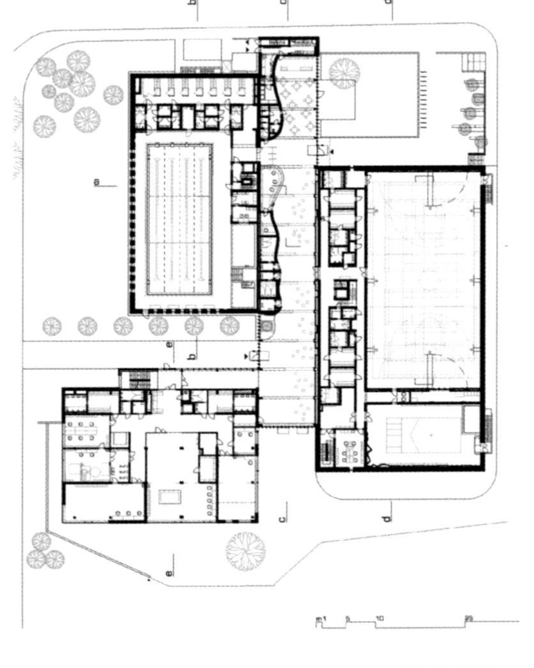

一层平面图

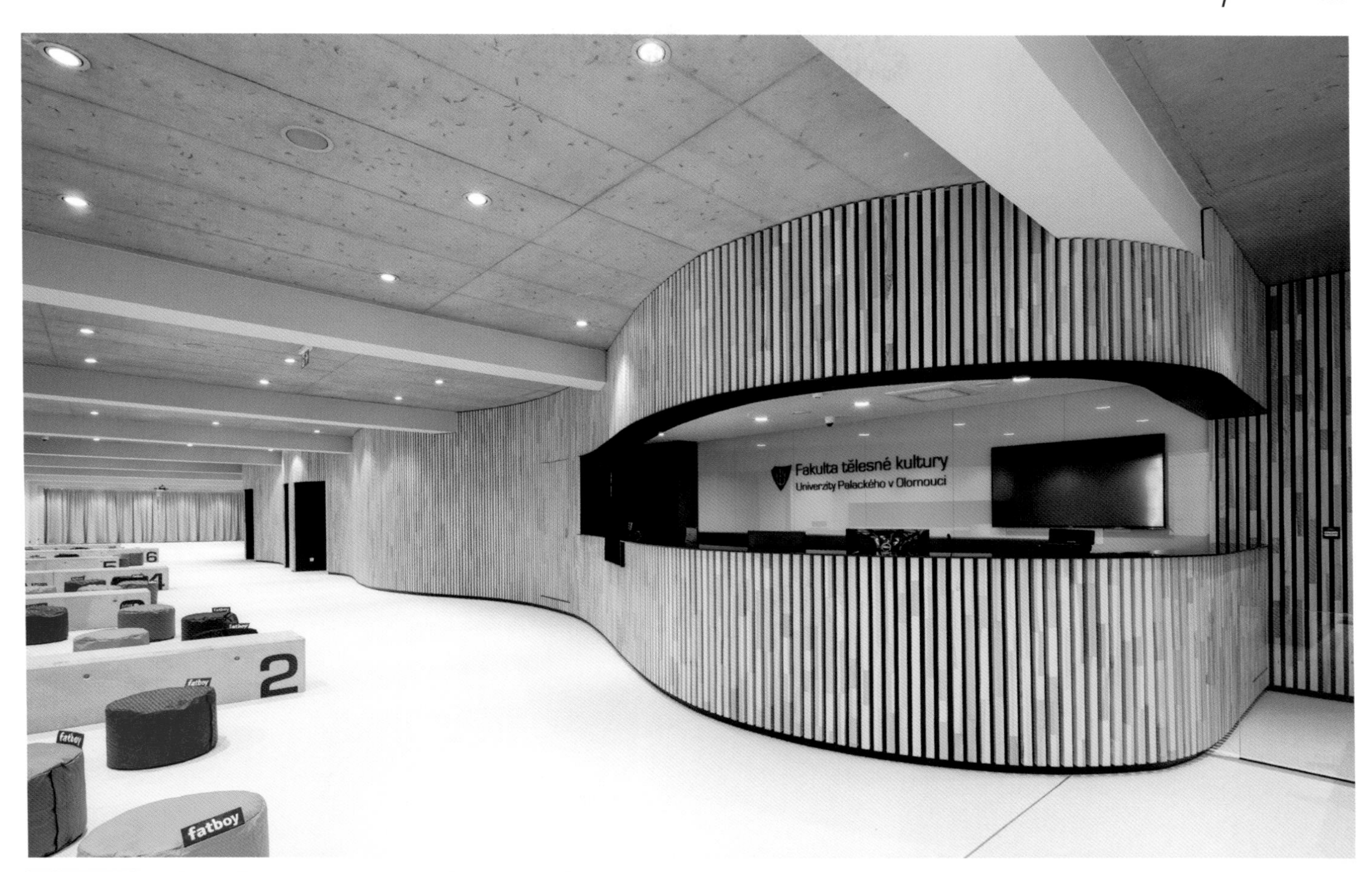
Fakulta tělesné kultury
Univerzity Palackého v Olomouci
fatboy
2

fatboy
2

fatboy

2.11

Fakulta tělesné kultury
Univerzity Palackého v Olomouci

Šatna ženy

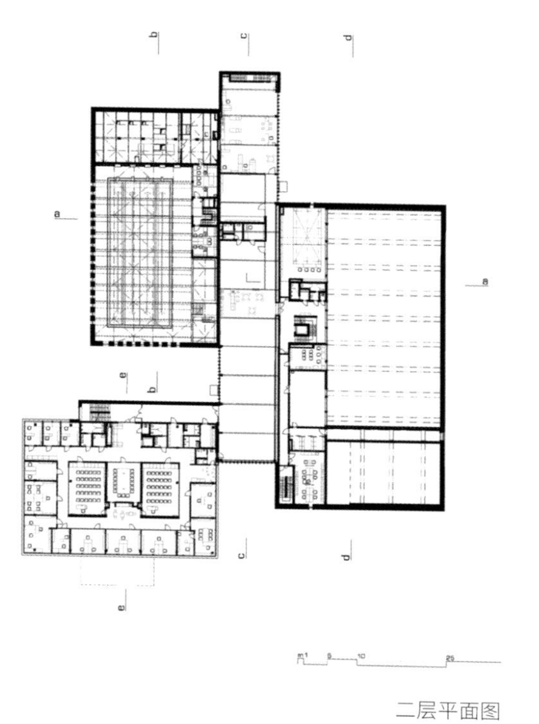

二层平面图

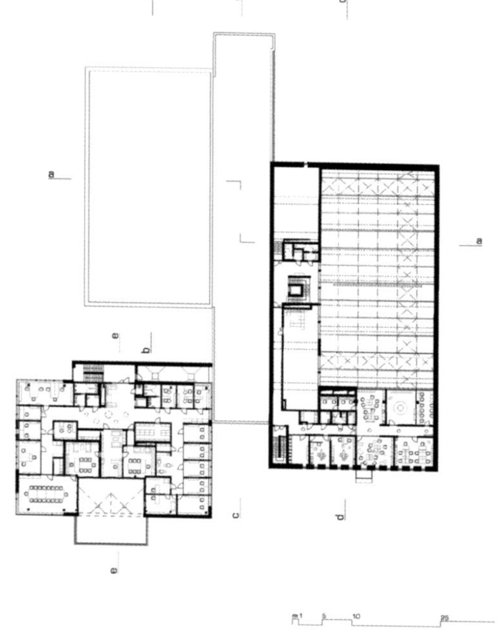

三层平面图

项目地点：西班牙，格拉纳达
完成时间：2015 年
委托人：格拉纳达大学
建筑设计：克鲁斯与奥提斯建筑事务所
摄影：贾维尔·卡尔加、马内尔·雷诺、图片工作室（模型）
面积：35,722 平方米

格拉纳达大学健康医学校区医学院

设计理念

按照校园规划中所列出的组织架构，医学院的教学任务将在两层楼内进行，以尽量减少垂直移动。

研究区域和部门将占据建筑的最高部分，即塔楼，建筑周边的行人都能感受到它们的存在。这里的医学院必须充分体现总体布局的效果。

这样一来，纵向建筑从正交的外围开始彼此互连，并且在遇到动态的时候就扭曲起来，直至到达各部门塔楼的最高点，构成了各个中心的最终形象。

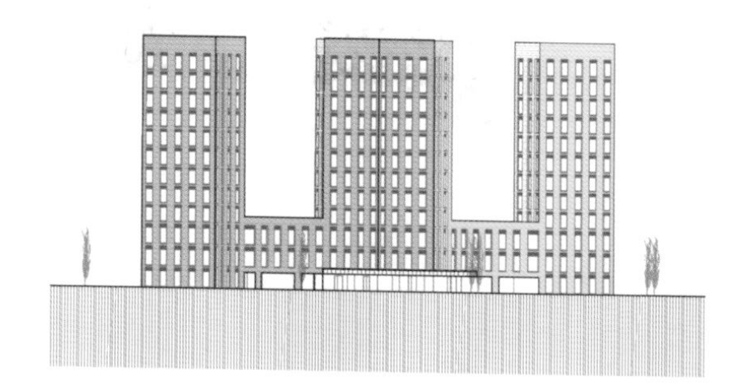

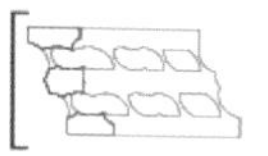

东侧立面图

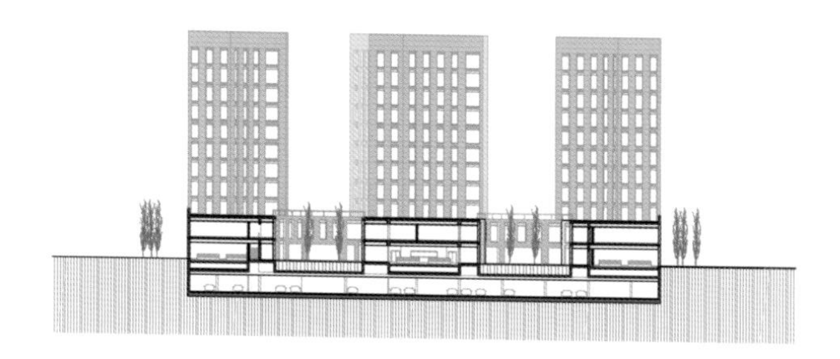

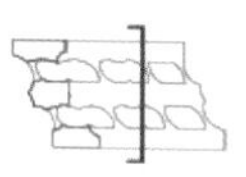

横向剖面图

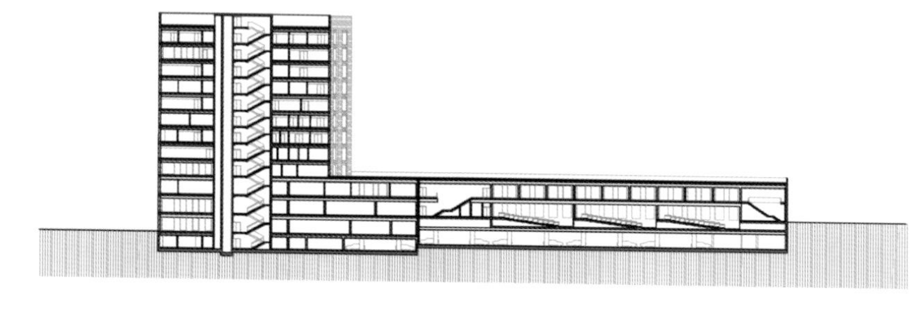

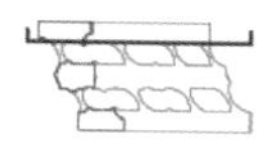

纵向剖面图

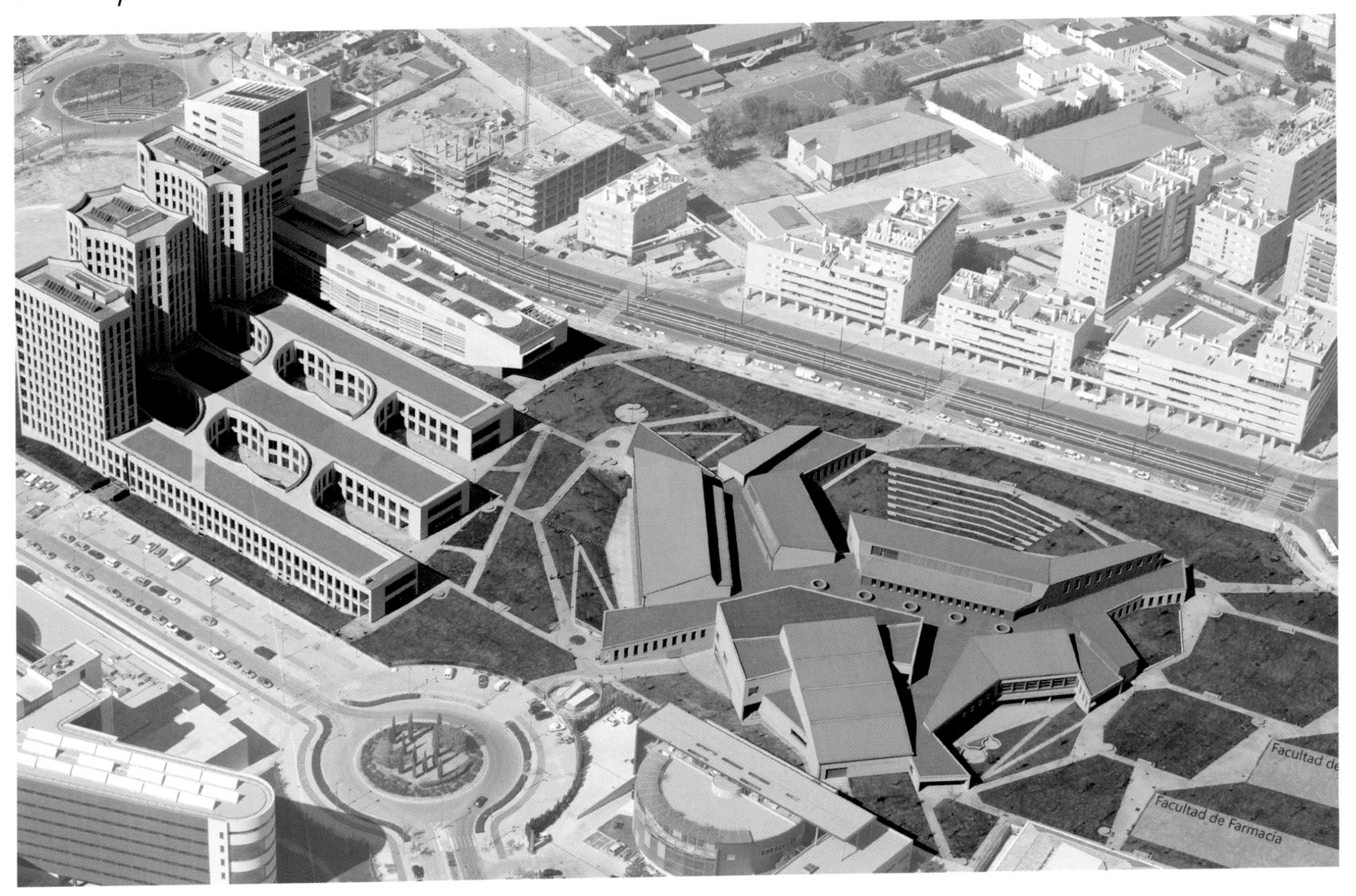

总布局图

C
FACULTAD
DE MEDICINA
B

B
A

FACULTAD DE MEDICINA

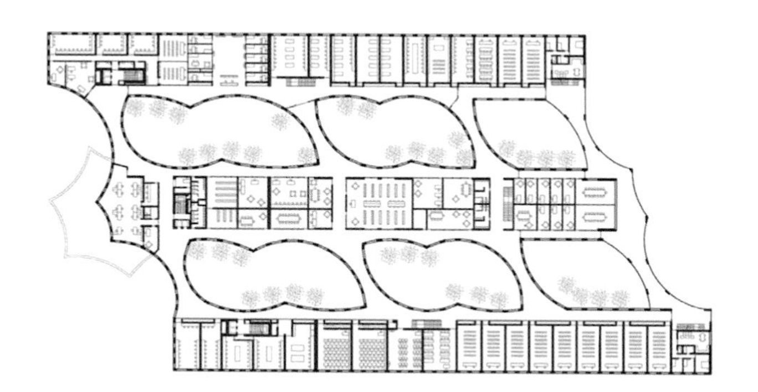

平面图 1

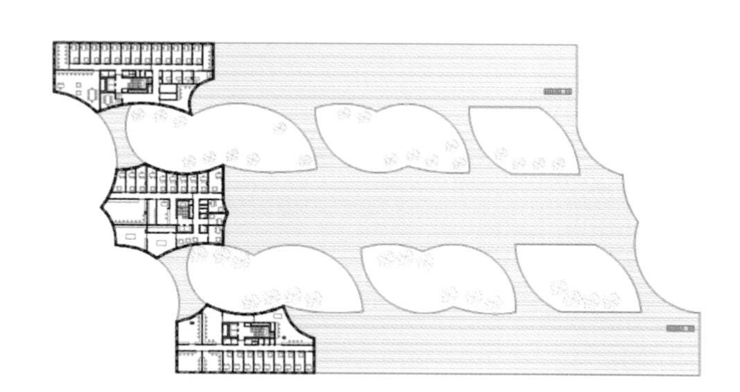

平面图 2

项目地点：比利时，布鲁日
完成时间：2017 年
建筑师：艾伯西斯建筑事务所（Abscis Architecten）
摄影：丹尼斯·德斯麦特
面积：11,861 平方米（总建筑面积）
主要材料：混凝土柱结构、外墙：白色抛光混凝土

鲁汶大学布鲁日校区

设计背景

鲁汶大学布鲁日校区是鲁汶大学和当地合作伙伴 VIVES 的合作项目。该建筑是工程技术学院 (FET) 和运动机能学与康复科学学院的所在地。滨海大道结合了校园内的各种新开发的项目。因此，当从附近的火车站进入鲁汶大学校园时，它就像一个入口，指向更广阔的校园建筑群。

设计理念

建筑本身由两个重叠的封闭体空间组成，二者由透明的“公共层”隔开。下面三层是实验室和教室。“飘浮”在上面的三层是教室和办公室。二者中间是公共层位，这个透明的楼层内包含所有公共设施：带露台的餐厅、学习和放松的休息区以及一个演讲厅。

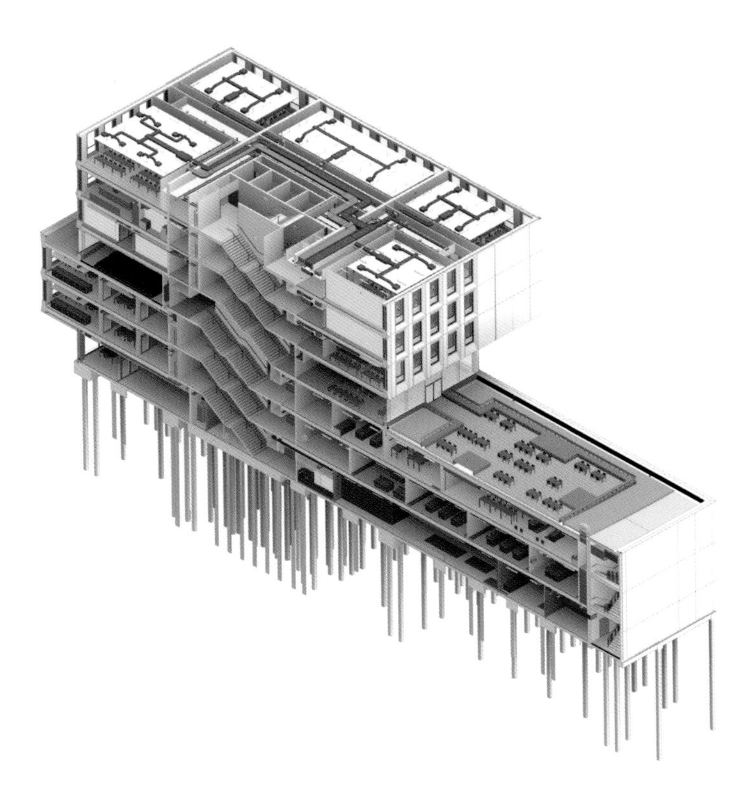

等距图

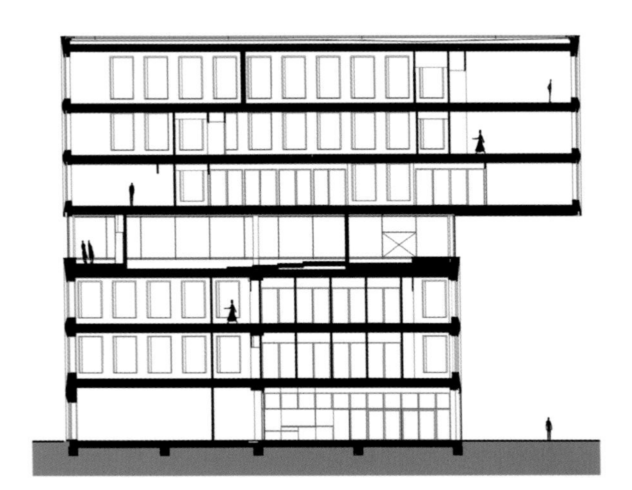

剖面图

会议区域对于建筑的用户体验至关重要。不同宽度的流通区域在楼面上创建了自由的空间，作为教室外的离开区和等候区，同时也可用于非正式会面。建筑的中心会议区域、自助餐厅、演讲厅和门厅都与流通区域无缝连接。流通的调节也十分方便，在讲座结束后可直接进入向第三方开放的公共层。

灵活性是设计的另一个重点。柱结构与非承重填充墙提供了极大的灵活性，可满足未来的需求和功能。无论建筑结构如何，都可以调节教室的大小，不同的房间可以合并在一起。即使在未来重新设计该建筑时，该结构也可以继续发挥其作用。

整个建筑的寻路设计由重点色进行辅助：绿色用于交通，橙色用于教室，蓝色用于管理，灰色用于技术区域。

建筑立面简洁、现代。白色抛光混凝土配合斜窗侧，通过不断变化的明暗对比增添了更多的建筑表达，创造出非常生动的立面，并从各个角度重新呈现了景观。

设计中包括了一个露天广场，以满足进入场地的弱势道路使用者的需求。滨海大道两侧有一个可停放 270 辆自行车的安全自行车库，给人一种公园的感觉：停车位由草坪和混凝土瓷砖拼接而成，一些停车位上还布置着树木或树篱。

两个绿色屋顶也是设计的特色。安全自行车库有一个广阔的绿色屋顶，而公共层则有一个集约的绿色屋顶。屋顶收集的水可用于冲厕等用途。通风系统、LED 照明、遮阳板等也考虑到了设计的可持续性。

建筑信息模型（BIM）

此外，鲁汶大学校园首次全部采用建筑信息模型进行设计与建造。从初始设计到完工，承包商和所有咨询工程师共同合作完成了一个综合模型。

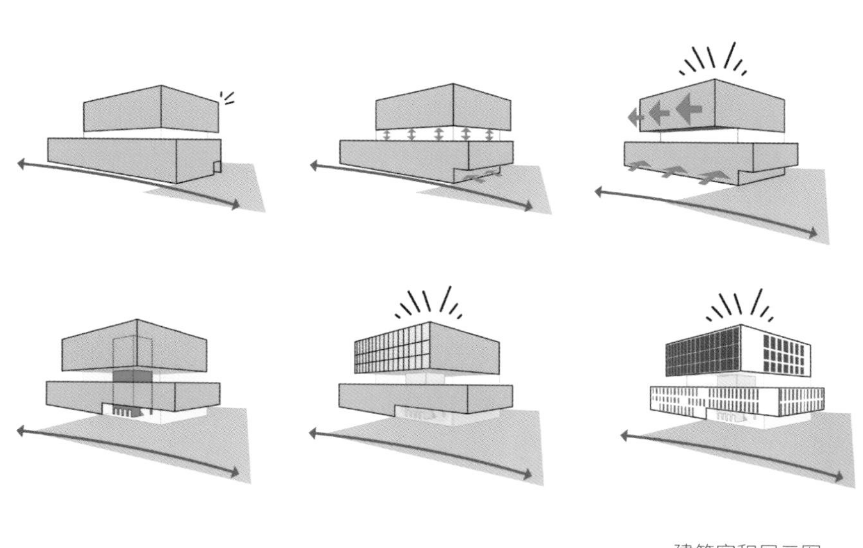

建筑容积展示图

1

4

CAFETARIA

“公共层”与铁路位于同一水平面上，享有高处的视觉体验。透明而悬挑堆叠的空间都为整个建筑提供了直观的朝向。

+5

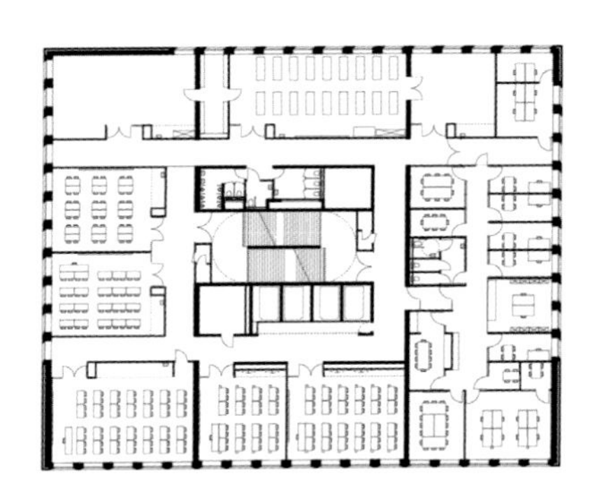

六层平面图

+3

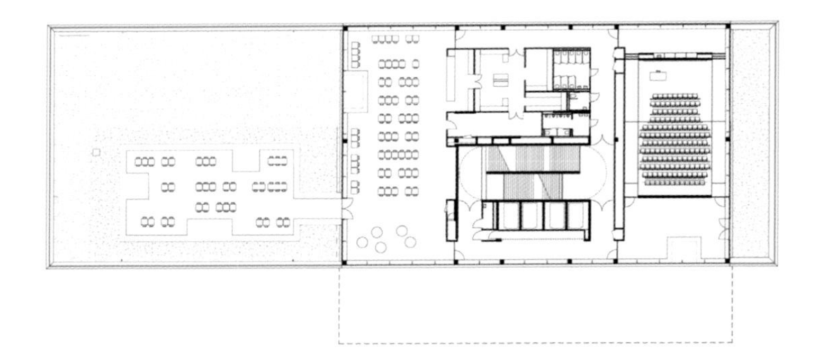

四层平面图

+0

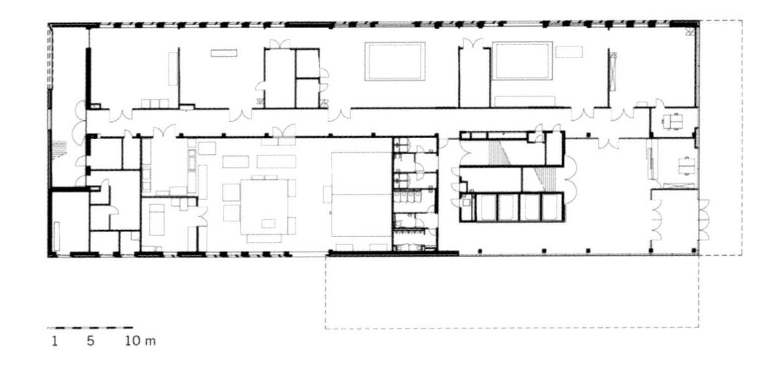

一层平面图

1 5 10 m

2. Klinknagels
2.9 Berekeningen klinknagels voor staalconstructies
1- benaderingsformule:

项目地点：法国，里昂
完成时间：2017 年
建筑设计：LCR 建筑事务所
摄影：凯文·多尔马利
面积：7098 平方米
主要材料：混凝土、雷诺兹金属（外墙 – 学生宿舍）、阿赛洛金属（外墙 – 学院）

卓越艺术学院

设计背景

项目场地位于里昂 D 区不断变化的交汇处，与周边环境的联系十分密切，特别是在桑尼安德森足球场及相关的体育设施。场地的北面和东面是两套大型住宅环绕，正面是码头、索恩河和圣佛涅 - 莱斯 - 里昂山，向南的视野也延伸得很广。

设计理念

在这种情况下，视野得到了完全的解放，使建筑在整个社区中具有重要意义。校园包括以下学院：高级艺术作品学院、摄影与游戏设计学院、电影与视听专业学院和学生宿舍，共有 224 间工作室，其中 45 间属于集中办公空间。

建筑师想要非常清晰地分割项目的两个功能：学院和学生宿舍。巨大的“外壳”具有保护性，内部容纳了工作空间，营造出一种严谨的学习氛围。建筑外面包裹着一层铜色的金属外壳，其中一部分进行了像素化处理。建筑的前庭有一个 200 个座位的圆形剧场。餐厅以及学校和宿舍之间的全景空间与它叠加起来，在河边形成了连贯且垂直的标志，适合举办各种活动。

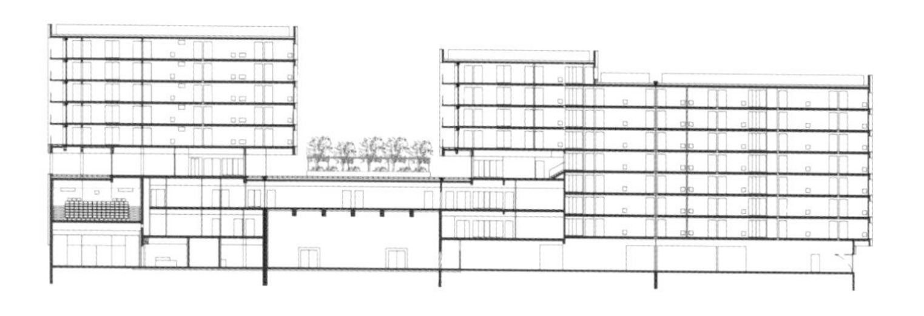

纵向立面图

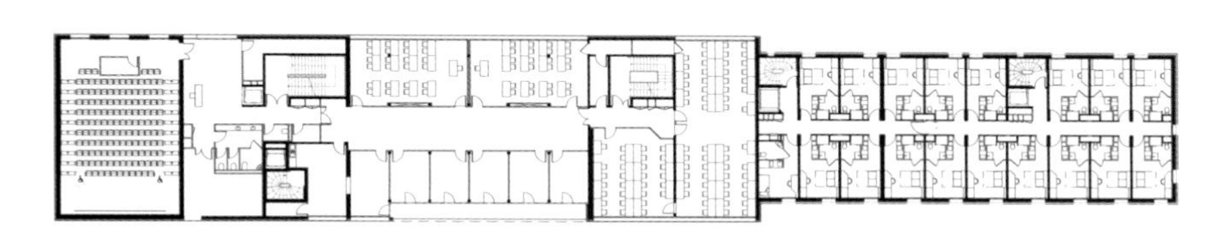

二层 + 三层平面图

三层 + 四层平面图

四层 + 五层平面图

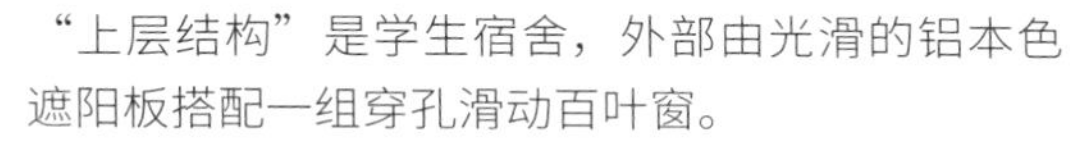

“上层结构”是学生宿舍，外部由光滑的铝本色遮阳板搭配一组穿孔滑动百叶窗。

建筑师想在两个功能之间插入一个开放的空间，即三楼的城市露台，从而复原了一个生活、交流和分散的空间，这是有限的地面空间上无法实现的。

这部分有遮阳保护的区域让毗邻的北侧建筑和林荫大道的视野能够向南渗透。用户就像来到船上的甲板上一样，可以尽情享受南方、河流和小山的景色。

项目地点：巴西，圣保罗
完成时间：2018 年
建筑设计：卡恩建筑（KAAN Architecten）
摄影：弗兰 • 帕伦特（Fran Parente）
项目主材：混凝土、玻璃、木材

安汉比莫隆比大学

设计背景

这是圣保罗州安汉比莫隆比大学（Universidade Anhembi Morumbi）分别位于圣若泽 • 杜斯坎普斯（São José dos Campos）和皮拉西卡巴（Piracicaba）的两个新校区的教学楼。两个校区，一种特质。

设计理念

两栋建筑有着同样的设计初衷：通过对尺度进行模糊化的强表现力的立面，为安汉比莫隆比大学创造一种优雅而强烈的建筑特质。建筑为学生和学院提供开敞的中央公共空间，在促进社交的同时，通过增强自然空气对流，对巴西独特的气候作出回应。

圣若泽 • 杜斯坎普斯医学院未来的校园如同现代雅典卫城一般坐落在邻近主路交叉口一块高起的基座上。特殊的地形让它独树一帜，成为密集的城市肌理中一个新坐标。而皮拉西卡巴，这栋新建筑占据了城市南边次轴线旁的一块空地。优化后的地形特色及和谐的立面几何，让两栋建筑成了面向城市开放的地标建筑，也让大学在城市建筑全景图中占据一席之地。

体量

两栋建筑有着不同的体量比例：圣若泽•杜斯坎普斯医学院有着更加紧凑的结构，三层高的建筑总面积 5300 平方米；而皮拉西卡巴，侧重于在水平方向的延展，同时与周围有坡度的景观直接对话。

建筑立面材料结构

环绕建筑的立式混凝土板缓和了巴西炙热的太阳照射，让所有立面都满足了遮阳的要求。规则的结构系统让卡恩建筑得以在立面混凝土板和顶梁之间嵌入玻璃。在圣若泽•杜斯坎普斯医学院的建造过程中，这套结构依靠当地员工的专业知识在施工现场模制，而在皮拉西卡巴项目中，提前预制了混凝土板以保证装配系统的精准度。

在两个项目中，立面上对玻璃的广泛运用都保证了建筑的透明性及其与其他城市建筑的连接性。更重要的是，焦糖色树脂地面在建筑的社交中心区和走廊区域柔和地反射了充足的自然光。屋顶的混凝土凉亭配有木质百叶，在优化了自然通风和光照的同时提供了阴凉。

圣若泽 • 杜斯坎普斯校区建筑东立面图

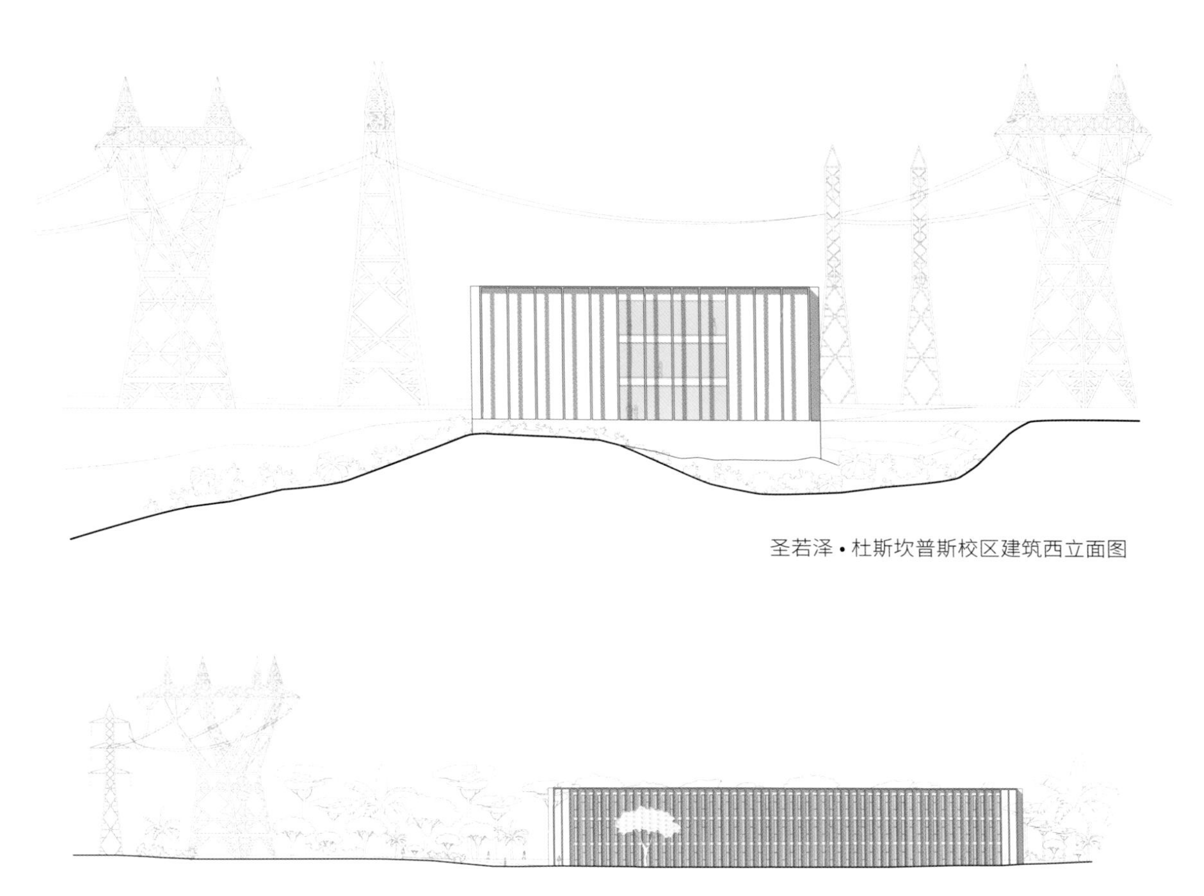

圣若泽 • 杜斯坎普斯校区建筑西立面图

圣若泽 • 杜斯坎普斯校区建筑北立面图

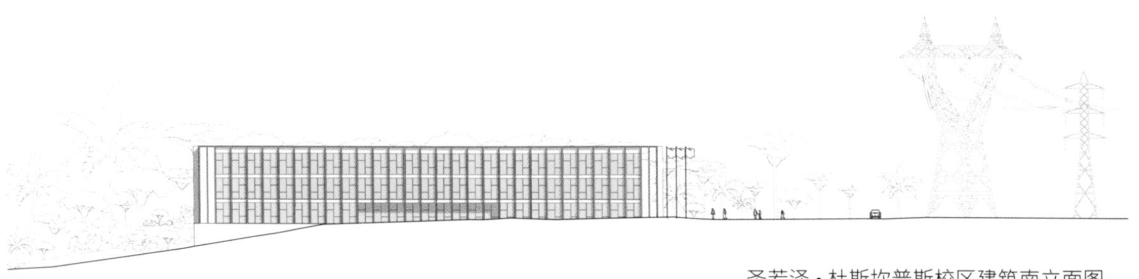

圣若泽 • 杜斯坎普斯校区建筑南立面图

横向剖面图

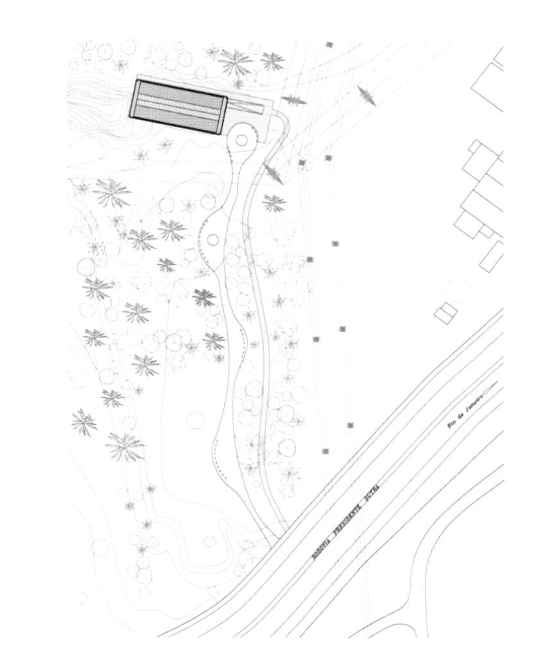

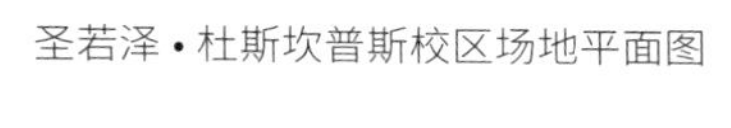

圣若泽•杜斯坎普斯校区场地平面图

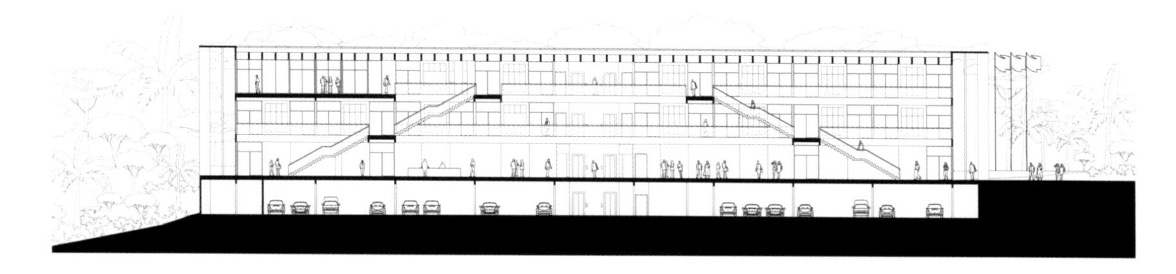

纵向剖面图

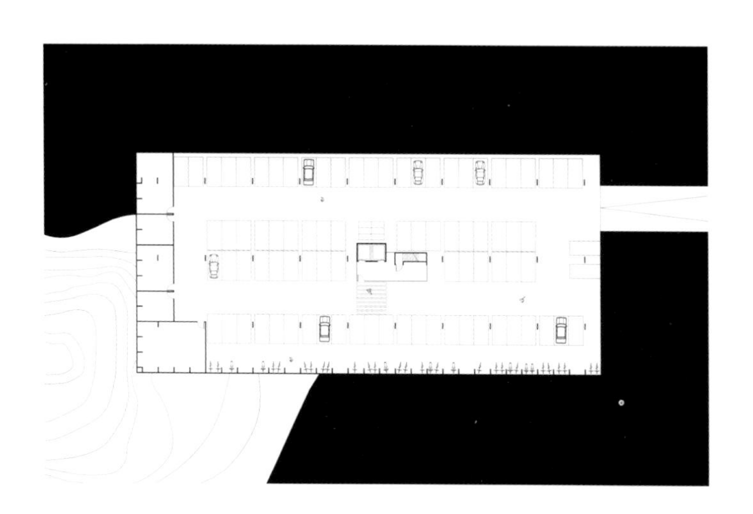

停车场平面图

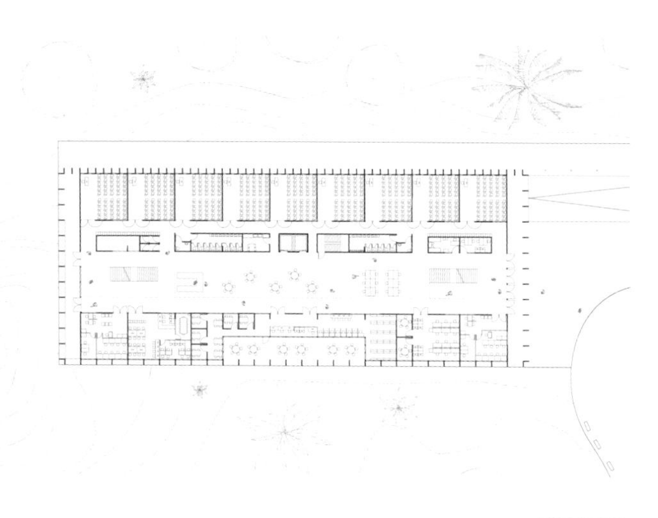

一层平面图

ENFERMARIA SIMULADA
ELEVADOR
201 A 204
2
ANDAR
LAB. DE INFORMÁTICA
SANITÁRIOS

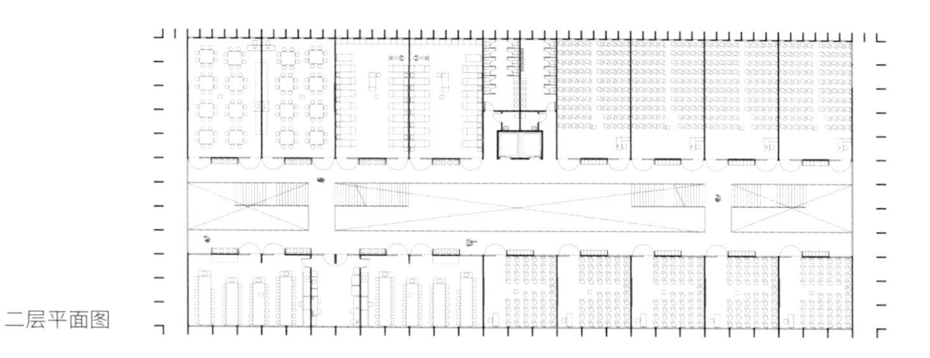

二层平面图

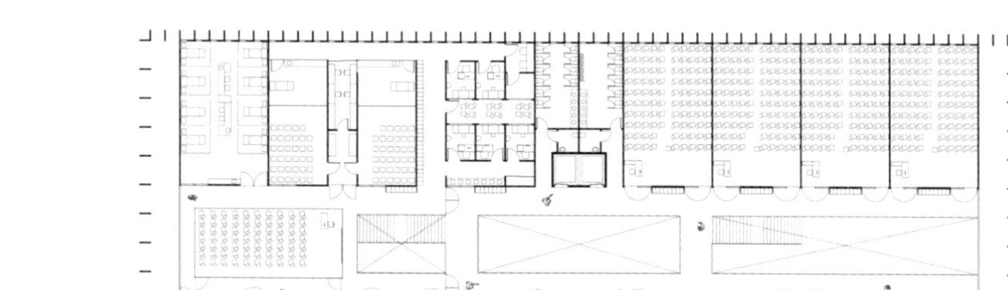

三层平面图

FRONTEIRAS
E MENTES
ABERTAS

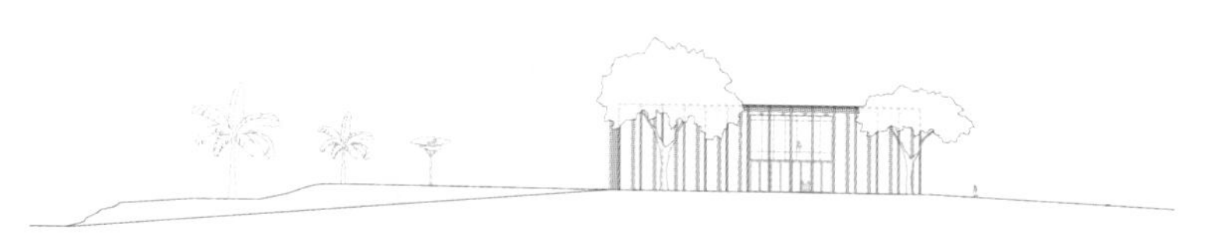

皮拉西卡巴校区北立面图

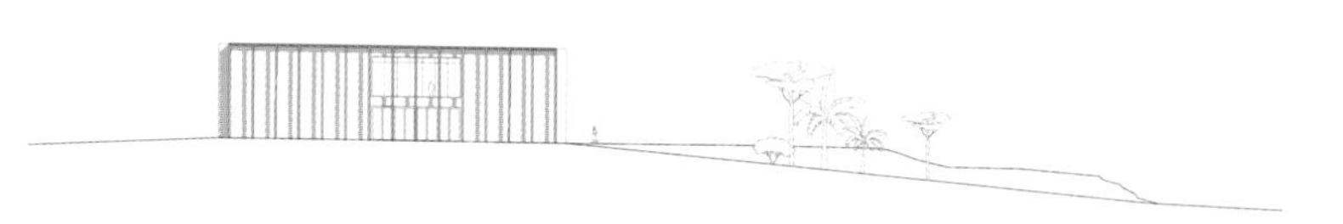

皮拉西卡巴校区南立面图

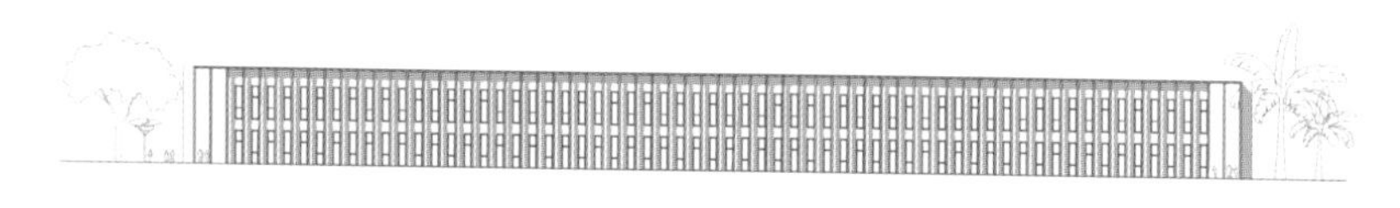

皮拉西卡巴校区西立面图

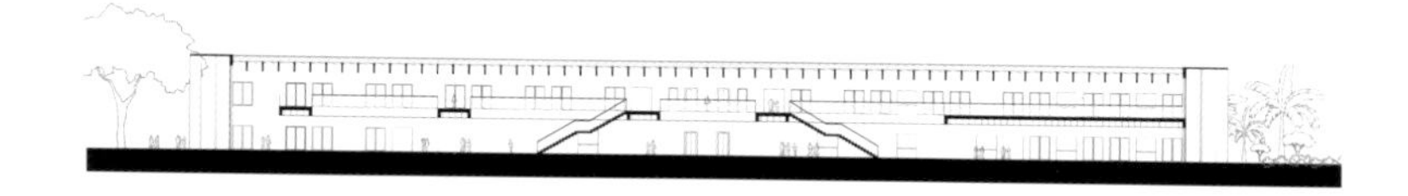

皮拉西卡巴校区纵向剖面图

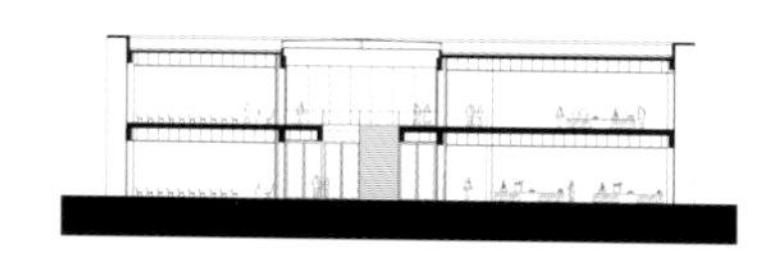

皮拉西卡巴校区横向剖面图

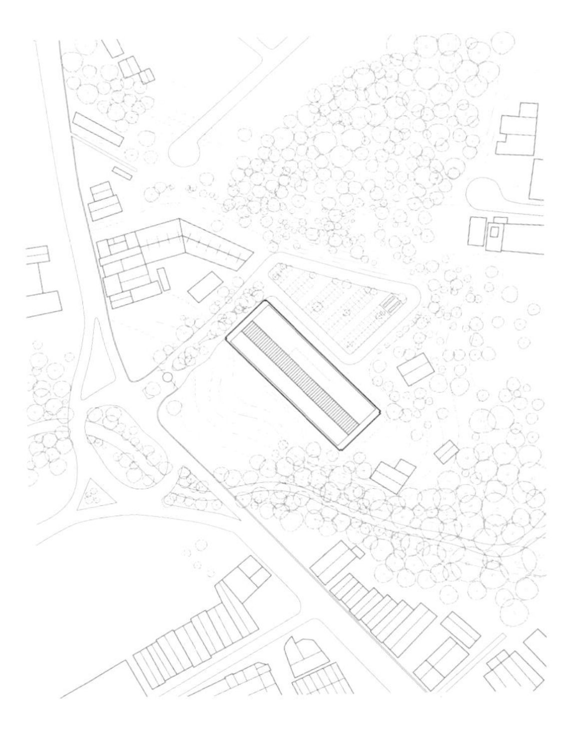

皮拉西卡巴校区场地平面图

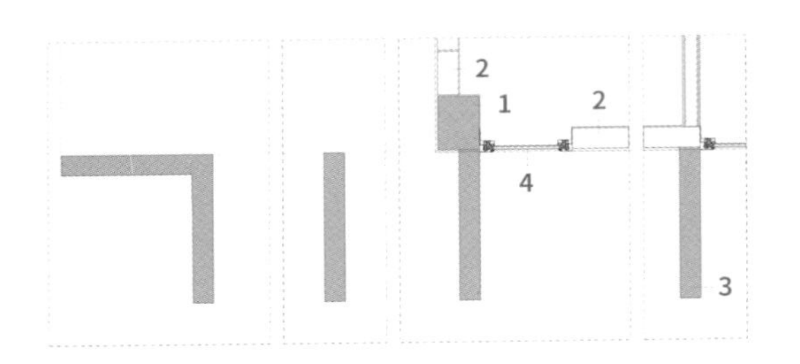

水平立面细部图 1:20

1. 结构
预制混凝土柱，300mmx400mm
2. 封闭墙体立面
石膏，10mm，白色饰面混凝土砖
3. 遮光栅
预制混凝土，150mmx1100mm
4. 立面—窗框
天然金属饰面的铝制窗框

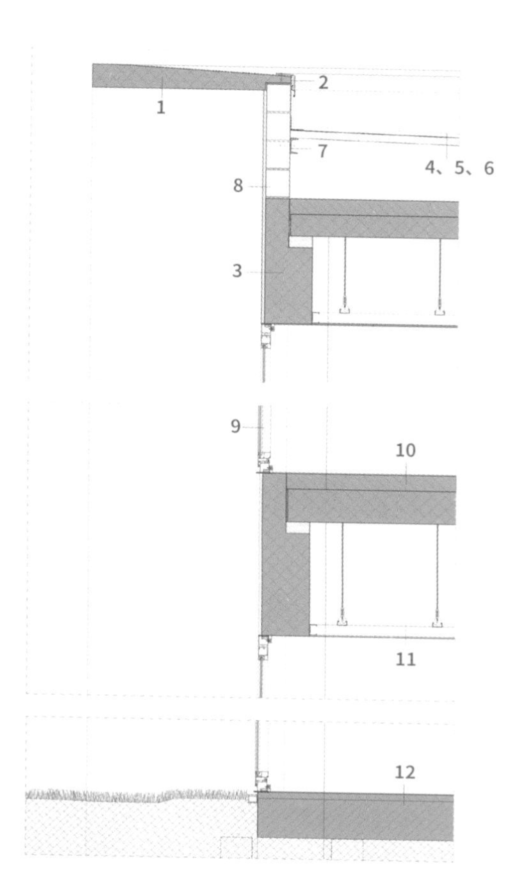

垂直立面细部图 1:20

1. 建筑表皮
预制混凝土板
2. 屋顶覆盖结构——顶部
L 形阳极电镀铝
3. 结构
预制混凝土横梁，1065mm/665mm x 300mm
4. 屋顶覆盖装置——水平
线形铝制外形
5. 屋顶覆盖层
金属覆盖层，3% 倾斜
6. 绝缘层
保温层，50mm
7. 屋顶覆盖层支撑结构
C 形铝制外形
8. 立面——封闭部分
石膏，10mm，白色饰面混凝土砖
9. 立面——窗框
天然金属饰面
混凝土窗框，多种打开方式
10. 地面
环氧树脂，焦糖色
现场浇筑的混凝土层，100mm
预制混凝土地面，210mm, 木制材料
11. 悬浮天花板
铝制支撑结构，网格状
可移动石膏板，8mm，部分采用模块化隔音板，15mm
白色石膏饰面，5mm
12. 一层地面
环氧树脂，焦糖色
现场浇筑的混凝土层，40mm
现场浇筑机构混凝土，260mm

ESTRUTURA E
FUNÇÃO HUMANA 02

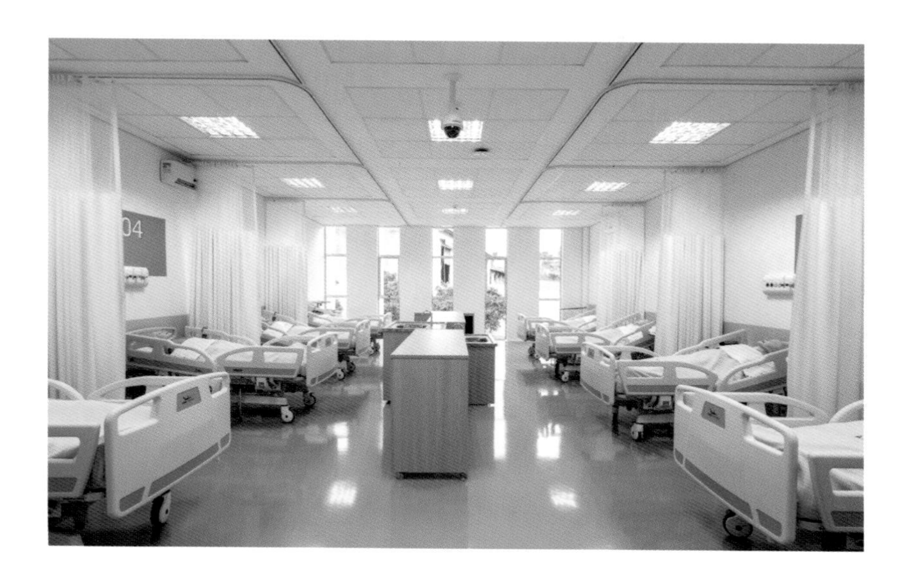

室内设计

建筑中的共享功能包括教室，用于实际操作和模拟的实验室、自助餐厅、理疗设施、图书馆和办公室。所有教育性空间都分布在纵向玻璃幕墙一侧以保证自然光照，面向开敞中庭的朝向体现了建筑的核心社会性特点，强化了建筑作为让人与人相遇、交流与知识交换的场所本质。

在对结构可能性作了仔细的分析后，圣若泽・杜斯坎普斯的教学楼采用了由现浇混凝土制成的肋板式系统。 而在皮拉西卡巴的大楼采用了预应力混凝土楼板系统，探索了预制混凝土的最佳可能性。这样的结构可提供宽广的自由跨度和基于1.50 米 x1.50 米网格的模块化的空间。除此之外，在对日照深入研究后，教室和实验室都使用了落地窗以充分利用日光，而立面混凝土板起到了很好的遮阳功能。

可持续性

两个校区对设计可持续性进行了充分的考量，建筑创新的能源管理系统用于热控制以防止制冷浪费，并利用烟囱效应提高屋顶系统的效率。建筑信息模型 (BIM) 软件与技术也在设计中发挥了重要的作用：在对舒适性研究后，对每一个立面都进行了特殊化的处理，在南北面设计了更宽的门廊，而在东西面设计了更密集的垂直遮阳板。

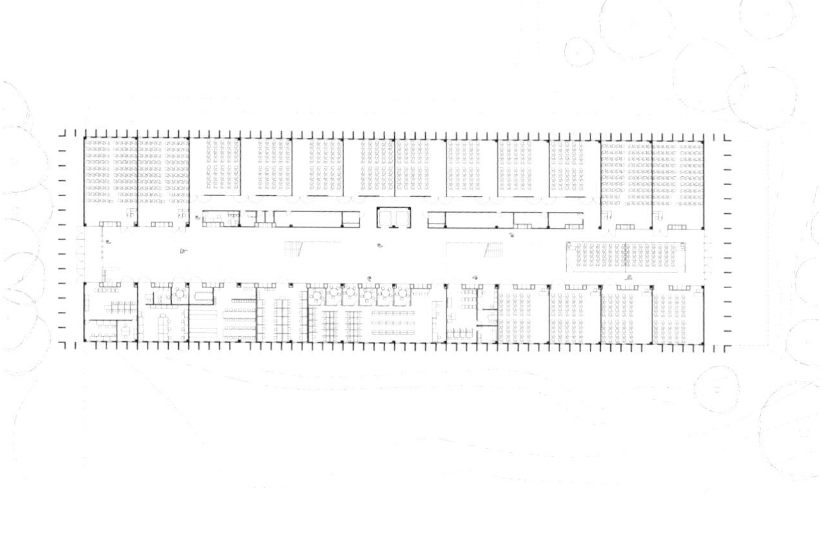

一层平面图

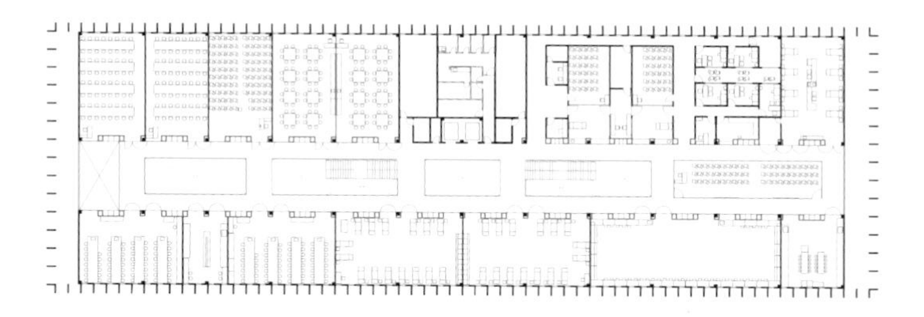

二层平面图

项目地点：荷兰，乌特勒支
完成时间：2018 年
建筑设计：SHL 建筑事务所
摄影：亚当 • 默克
面积：22,310 平方米
获奖情况：2015 国际竞赛一等奖

乌特勒支应用科技大学

设计背景

直到四年前，乌特勒支应用科技大学还分散在位于荷兰乌特勒支的约 30 栋建筑中。乌特勒支应用科技大学成立于 1995 年，由几所独立学院合并而成。该大学将各个学院整合到乌特勒支科学园区的五座相邻建筑中，SHL 建筑事务所设计的新结构是总体规划五座建筑中的最后一座。这座占地 22,310 平方米的海德堡兰 15 号楼聚集了 8 个院系，涉及经济、管理、信息传播与技术以及媒体与传播领域等。

设计理念

SHL 事务所的合伙人兼设计总监克里斯蒂安 • 阿赫马克表示："乌特勒支应用科技大学在空间设计方面极具挑战性，每天有 5800 多名学生、教师和访客在这座 3000 平方米的建筑中穿梭。为了创造一个社交聚会场所，并将自然光线深入到建筑的中心，我们在中庭周围设置了会议室和工作室，使它成为一个垂直的大厅，与一层的城市广场相连。空间与大型标志性的自动扶梯连接在一起，人们在楼层之间的移动成为空间体验的一部分。"

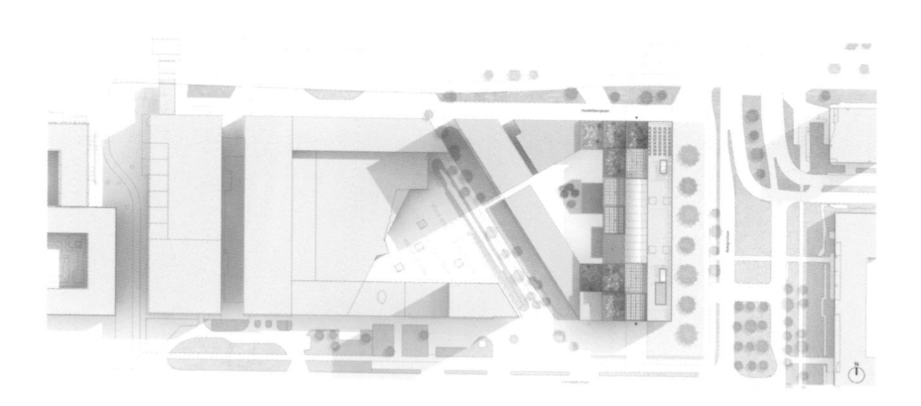

总布局图

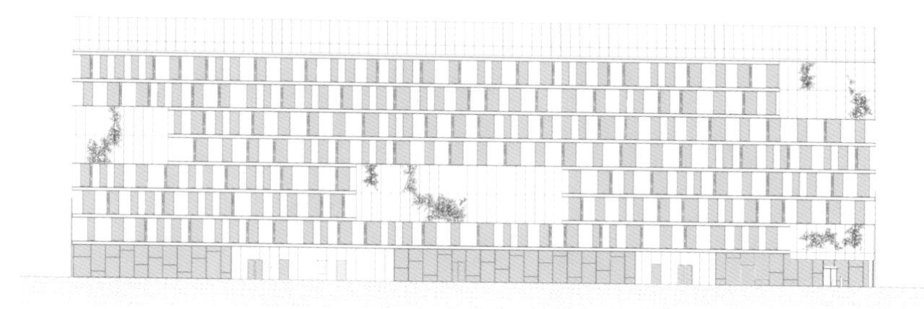

东立面图

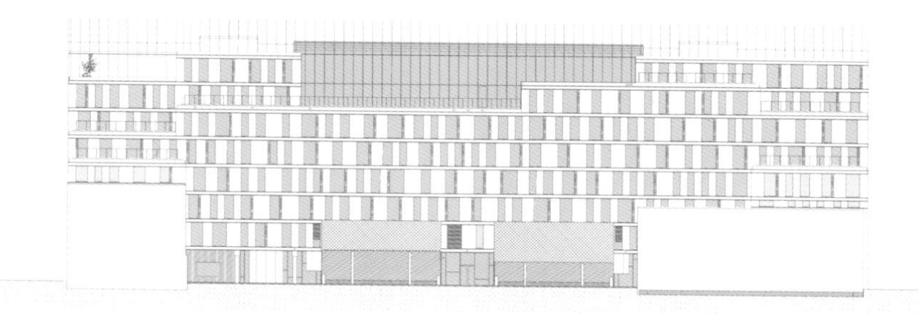

西立面图

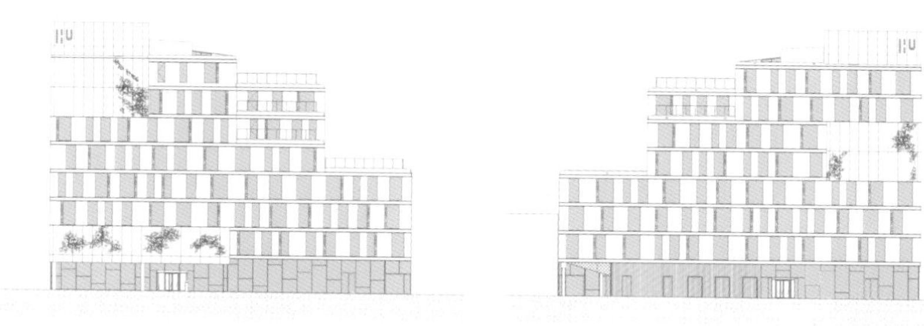

北立面图

南立面图

剖面图 BB

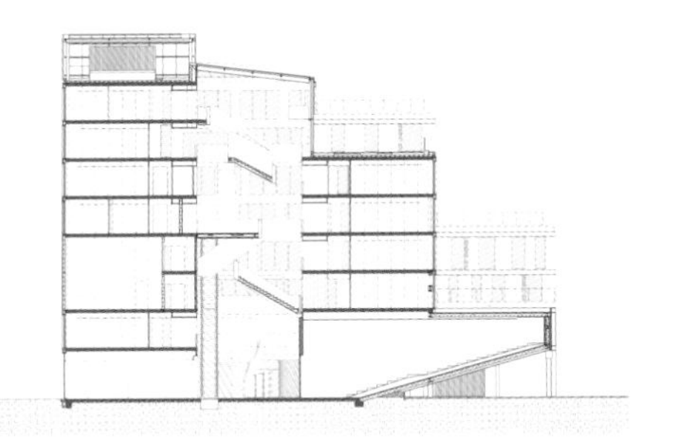

剖面图 GG

HU
HANOS ISPC

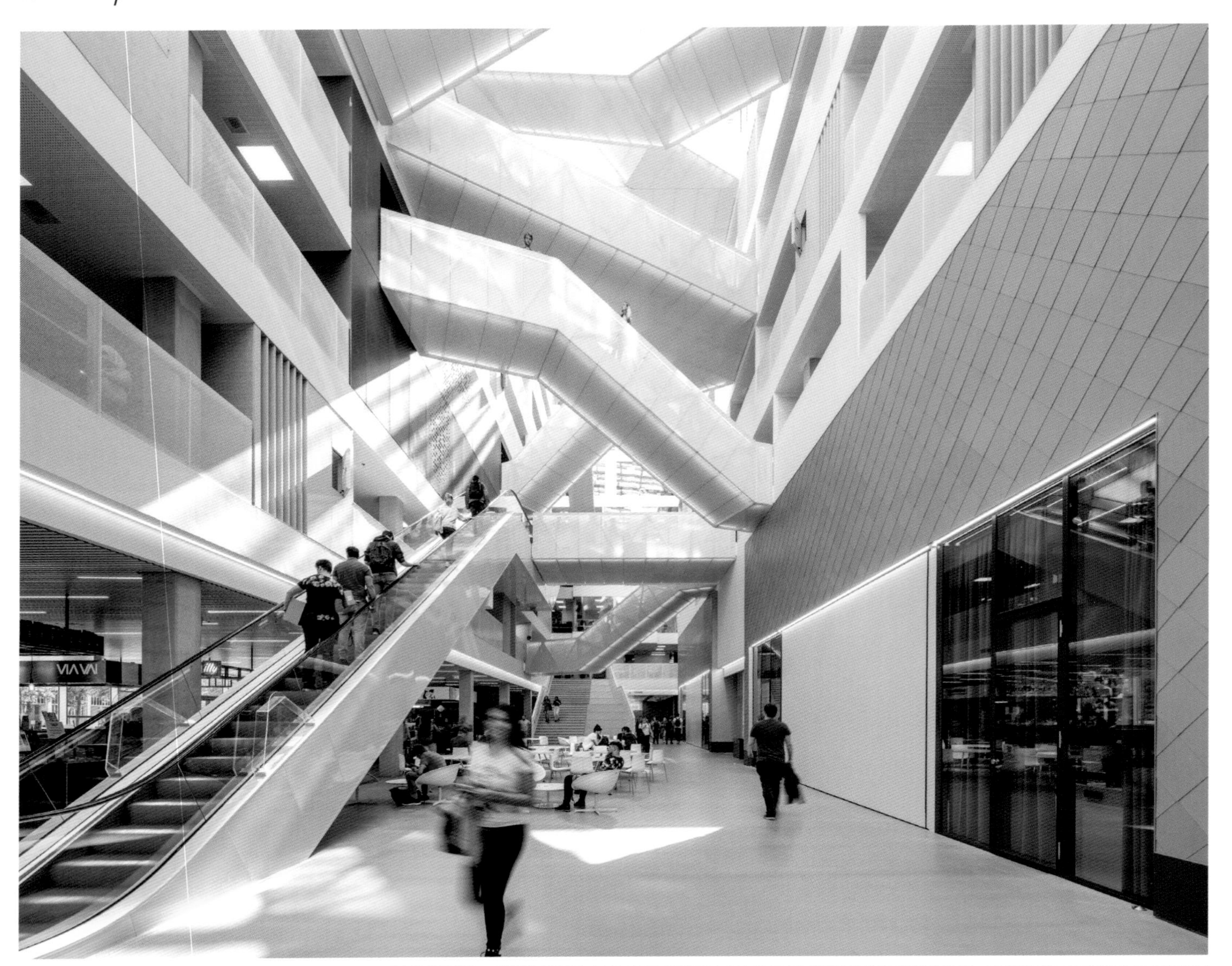
VIA VAI

开放的学习环境

穿过主入口的门，一个光线柔和的垂直空间打开，楼梯、自动扶梯和室内桥梁纵横交错。大学一楼的设计目的是消除室内外的界限，通过落地窗充分展示教育活动。这种透明度也被纳入一层两个演讲厅的设计中。大型演讲厅分别可容纳 200 人和 260 人，玻璃墙和可伸缩的墙壁与车库门类似，可以完全打开，与主入口大厅相连。一层包括学生经营的咖啡馆和其他餐饮设施、南侧的技术设施，以及带有大量内置座位的非正式会议空间。

通过中庭向上移动，大学的每一个学院都有一个专门的学生和教师中心，它们位于最顶层的六层。这些中心是每个院系的跳动心脏，并包括院系特有的空间和设施，供教职员和学生见面和交流。

建筑中还分布着 60 多间教室，两个较小的报告厅（每个可容纳 90 人），以及 20 个项目小组室，所有这些都是跨学院共享的。沿着中庭放置的木制空间是适合一到两个人见面或学习的集中工作空间。桌面被建在墙后，俯瞰着中庭，体现了整个设计中空间的有效利用。

与色彩相连

大学内部采用的白色、灰白色和木色的配色方案，其间点缀着与横贯中庭的三个自动扶梯上一种流行的黄绿色。SHL 对颜色的创造性运用也体现在建筑外观上，中性色调的阳极氧化铝覆层上，一种颜色融入另一种颜色，创造出柔和的拼接效果。不同的颜色相互融合，代表了交织的室内布局设计，允许学校的 8 个院系的用户在建筑内交叉。

从建筑东侧的博洛尼亚兰街看这座建筑时，可以看到两个可容纳 90 人的报告厅、媒体学院的先进电视演播室和会议中心，这些都可以通过拼接色块的外墙覆层识别出来。在建筑的另一侧，一个新的内庭朝向邻近的学生住宅区。建筑空间朝向东立面，允许它与现有建筑连接，并使其活跃起来。一楼的两个大报告厅从外墙突出到庭院里，为下方的自行车停车场提供了遮蔽。

建筑内外也由铝包层的云纹图案连接，这种云纹图案不仅体现在外墙上，也可以在室内楼梯上看到。楼梯上的穿孔在空间的声学设计中起到了重要作用，它们下面是吸声材料，可以降低成千上万每天使用该建筑的人所产生的噪声。建筑顶部是绿色的屋顶平台，为学生、教师和游客提供了一个放松的户外休息空间。

乌特勒支应用科技大学海德堡兰 15 号楼于 2018 年秋季学期伊始的 9 月 3 日正式面向学生和教职员工开放。

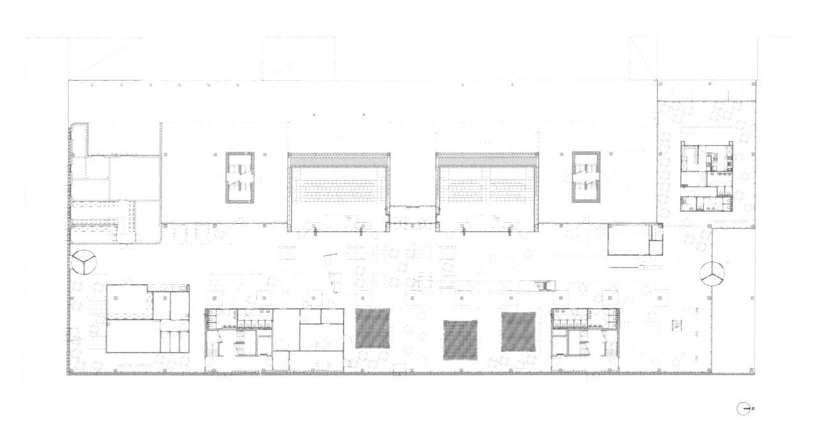

一层平面图

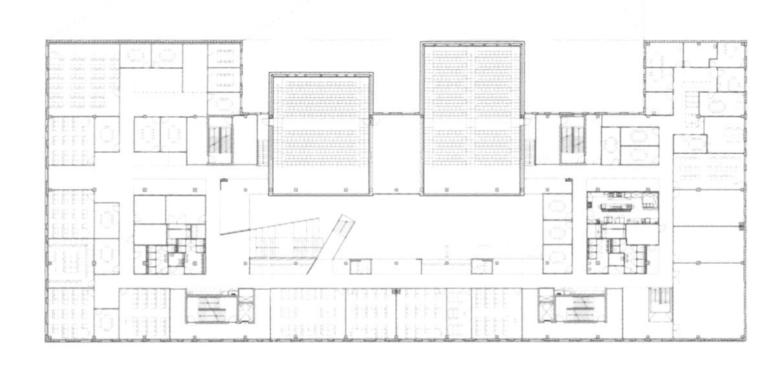

二层平面图

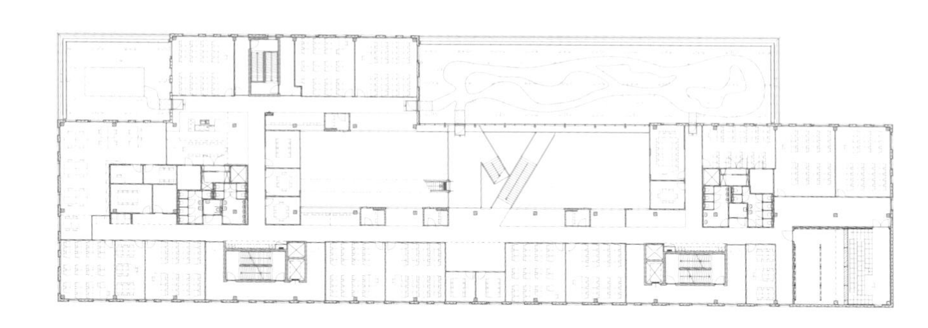

七层平面图

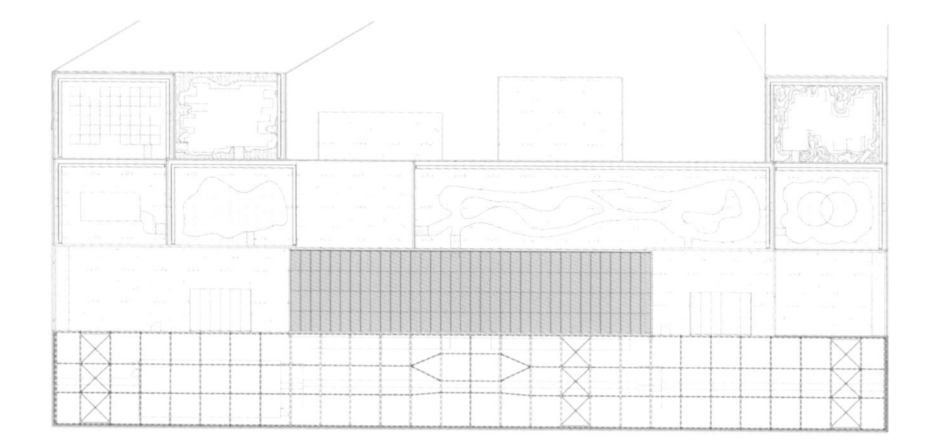

屋顶平面图

项目地点：荷兰，莱顿
完成时间：2018 年
建筑设计：INBO 瑛珀，JHK 建筑事务所
摄影：卢克・克雷默（Luuk Kramer）、马塞尔・范德堡（Marcel van der Burg）
面积：45,000 平方米（一期包括公园），100,000 平方米（总面积）

莱顿大学贝塔园区

设计背景

贝塔园区是莱顿大学数学与自然科学学院的一个引人注目的新开发项目。高水平的建筑设计和工程解决方案完美结合，将荷兰最古老的大学带入国际学术研究和教育的前沿。物理学、生物学、化学、数学、计算机科学和天文学系现在可以近水楼台先得月，大力促进跨学科研究计划并且有效利用特殊的高端设施。它的大小和大型体育场差不多，新建教学楼的存在将主导莱顿生物科学园的建筑风范，并为未来几年的发展开发定下基调。但是，让人惊叹的不是这个开发的规模，而是它所达到的高度价值水平。

设计理念

这所建筑是开放透明的，同时各个空间又可以紧密联系。它拥有各种实验室、研究设施、演讲厅和学习空间。 所有这些功能都围绕着一个中央日光中庭，保证与相邻的园区绿地的视觉连接。引人注目的共享空间使日光深入建筑物，为各种学习和社交活动营造出宜人的室内气候。非正式的工作空间和休息区让共享大厅整天都吸引着来访者。设计师在具有雕塑感的中央楼梯附近创建了社交热点，确保人们可以在这里最大限度地进行互动。这就是成功的关键——频繁的社会接触是偶然性创新科学的基础。这对于杰出的研究工作至关重要。人们的互动社会行为才是引导建筑设计的，从而才可以形成一个具有根本价值的研究生态系统。

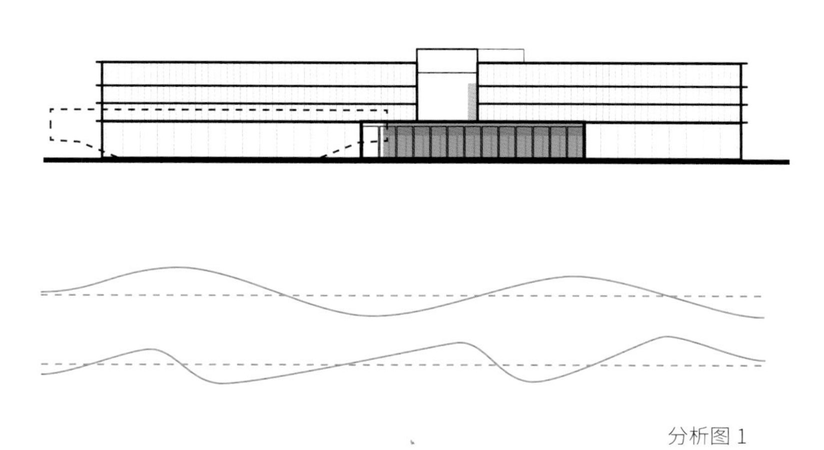

分析图 1

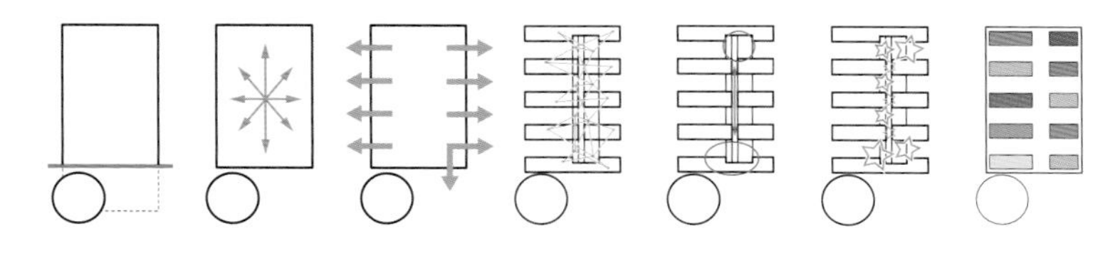

分析图 2

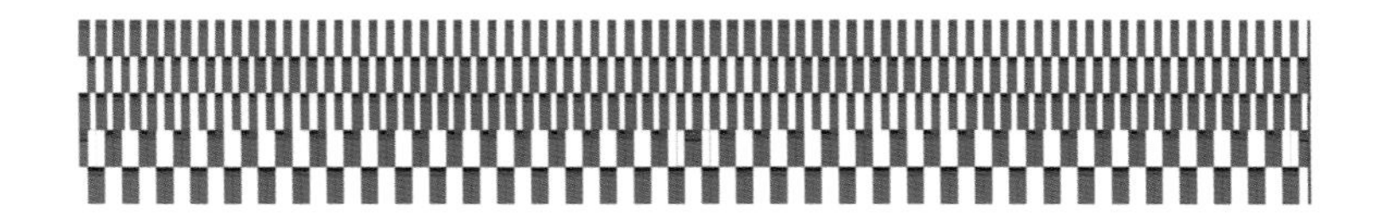

分析图 3

设计任务要求在响应更大的规划范围，设计一个具有独特特征的建筑。这个一举获胜的总体规划在适当规模上积极回应了城市规划的要求。同时，这个总体设计也允许体积和结构的突变，而不会损害基本的架构值。面向场地东侧的市政体育设施，建筑设计虽然定义了一个正式的园区边界。而面向西部，该建筑面向园区绿色打开自己，和周围建筑建立上了非正式的融洽关系。

建筑的梳状布局清晰说明了拥有的项目——教育空间、研究区域、高规格研究设施以及通用实验室工作区。设计师通过切割纵向基地轮廓，最大化利用立面长度，以创建日照工作区。由此产生的庭院提供各种外部空间，并促进与周围环境的视觉和功能关系。

建筑风格特色是层次丰富的，反映了基本自然科学对设计师的启发。幕墙的结构和分布是理智的，并可以为幕墙后的实验室和办公空间提供最佳的安排灵活性，更多的设计关注是在打造独特的建筑特征上。设计师将重复的严密网格进行了很多次的转型变异，最终在整个建筑立面上创建了叠加的波长运动效果。这种科学性现象的抽象表现是微妙但有效的，机智地将高规格的技术性建筑立面变得富有生机和动态。

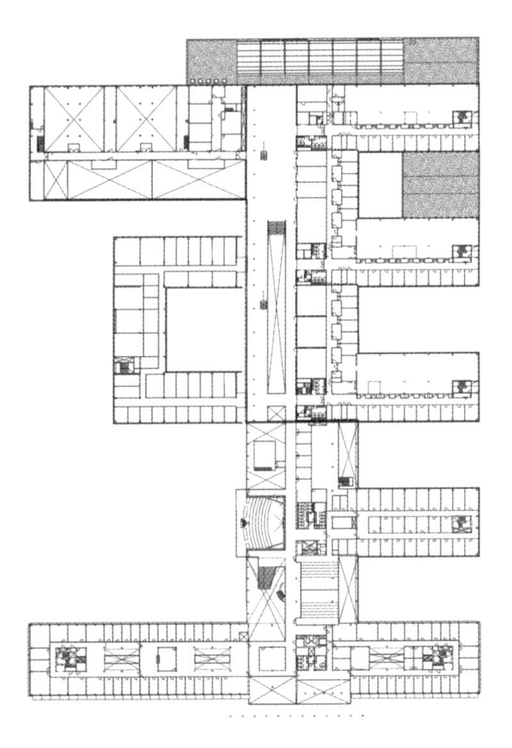

二层平面图

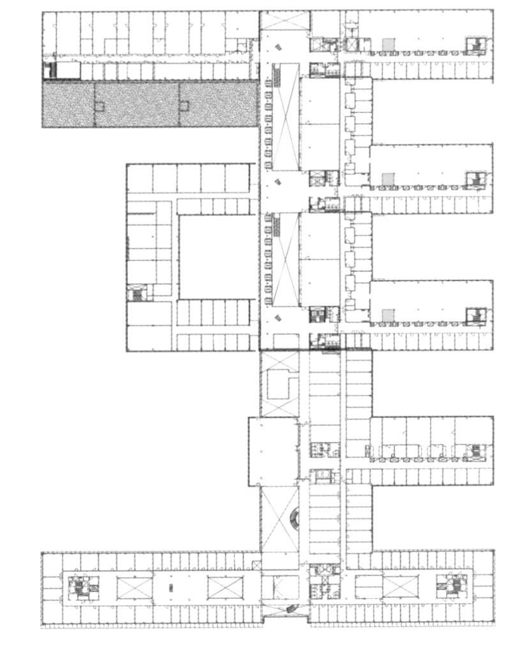

三层平面图

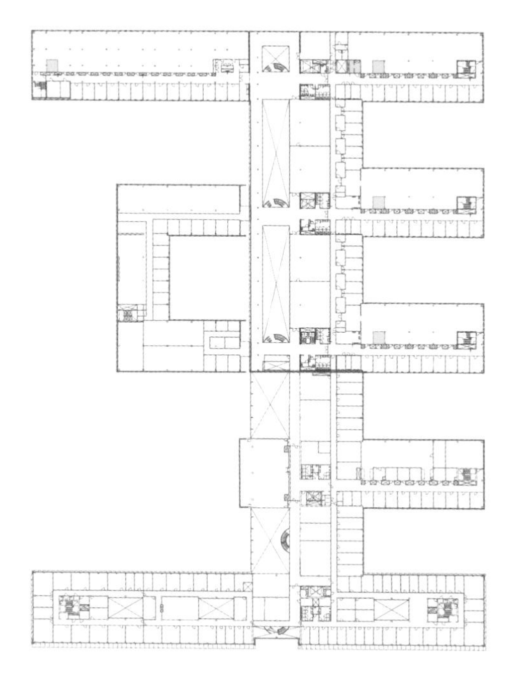

四层平面图

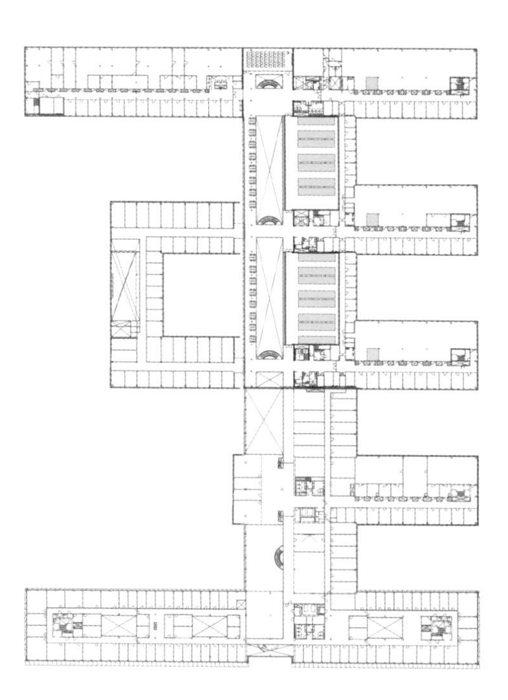

五层平面图

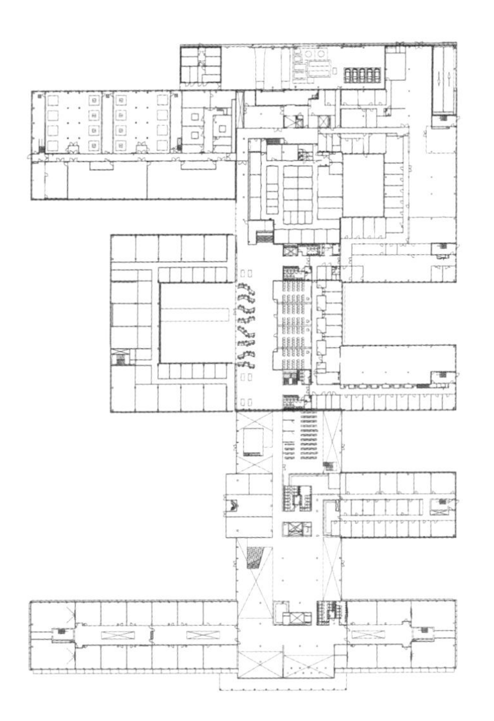

一层平面图

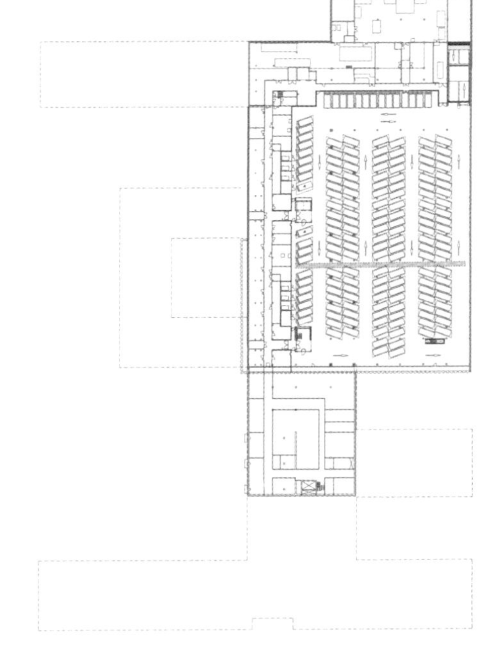

地下一层平面图

M.1.19
ture Room

项目地点：西班牙，圣保罗
完成时间：2017 年
建筑设计：大都会建筑事务所
设计师：马丁·科鲁隆、古斯塔沃·赛德罗尼
结构设计：INNER 工程管理
摄影：大都会建筑事务所
占地面积：7058 平方米
建筑面积：15,879 平方米

圣何塞大学航空技术研究所基础科学部

设计背景

设在圣何塞大学的航空技术研究所（ITA）正在进行扩建，以便可以扩招一倍的学生。大都会、MMBB 和皮拉提宁加建筑事务所等几家位于圣保罗的公司领衔设计了相应的建筑项目，并在一个具有建筑意义的原有校园中展开工作。该校园拥有奥斯卡·涅梅尔的建筑与城市设计。大都会建筑事务所负责教学园区，包括基础科学部、图书馆、可容纳 1200 人的礼堂和教职员工住宅区。

设计理念

基础科学部的设计采用了最新的技术和最佳实践，以实现能源效率和可持续性。选用的设备、基础设施系统和材料均具有耐用、易于维护的特点，目的是实现更好的功能效果，为用户提供更舒适的条件，同时又不损害核心设计概念。

为此，设计师选用标准化钢构件作为施工系统，最大限度地提高了施工速度，提高了技术精度，减少了浪费。在照明方面，高使用率区域优先采用自然采光，既减少了人工照明方式，又提供了丰富的外部视角。在通风方面，设计师设计了一个通过自然手段提供舒适条件的系统。这一点特别体现在室内交通中，开放的外部通道免除了对空调设备的需求。

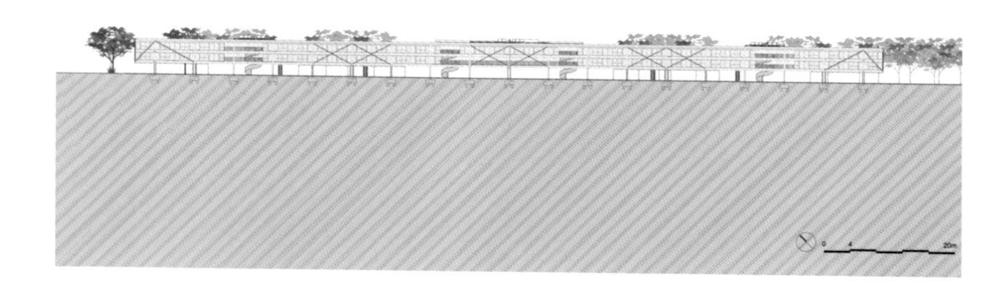

正立面图

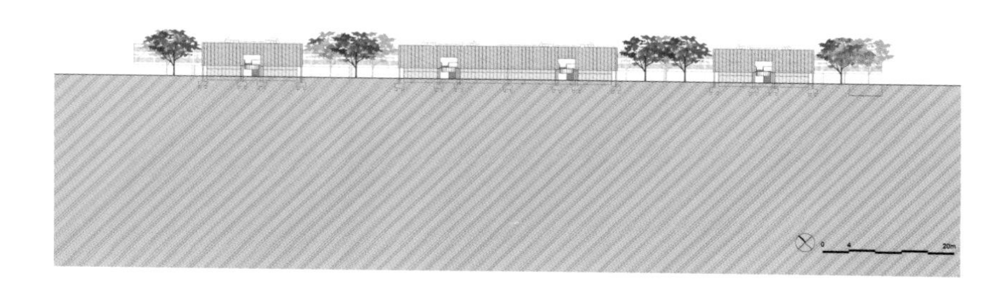

后立面图

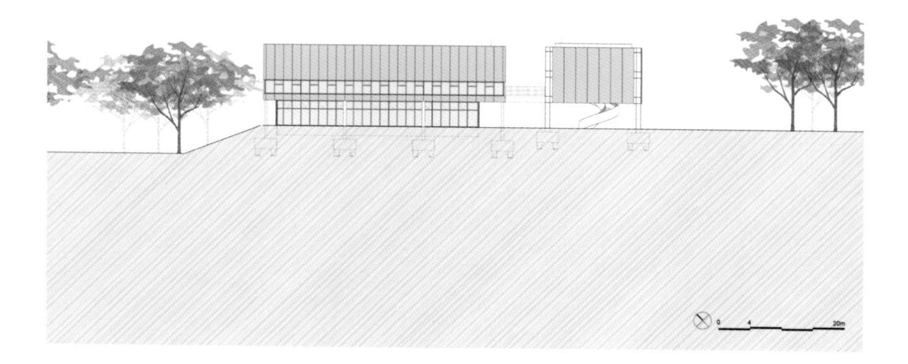

侧立面图

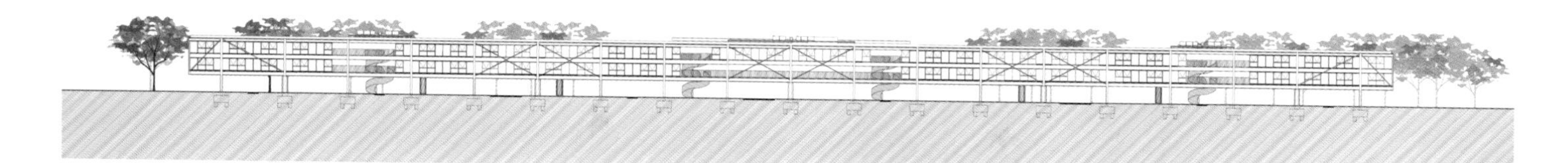

剖面图 AA

剖面图 BB

剖面图 CC

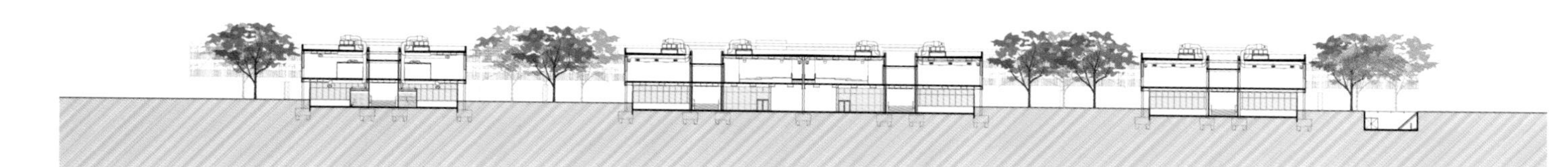

剖面图 DD

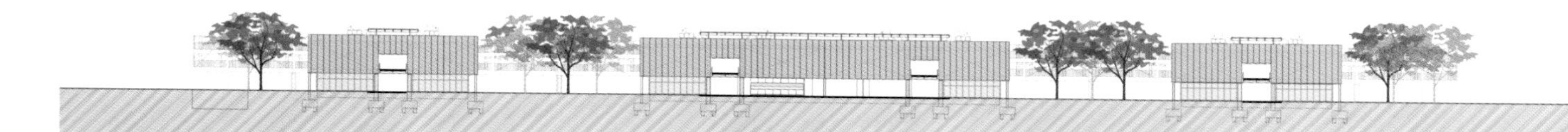

剖面图 EE

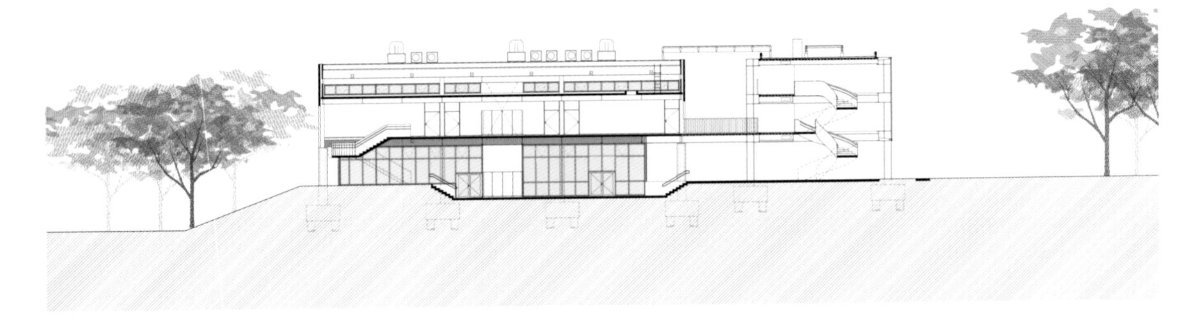

剖面图 FF

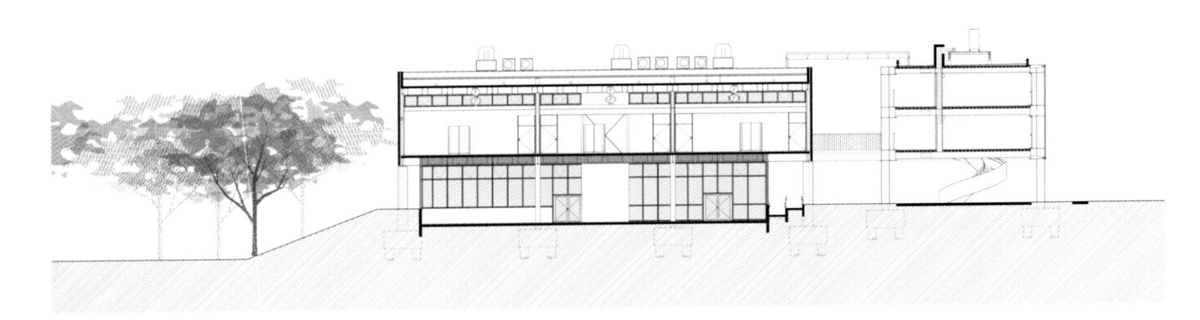

剖面图 GG

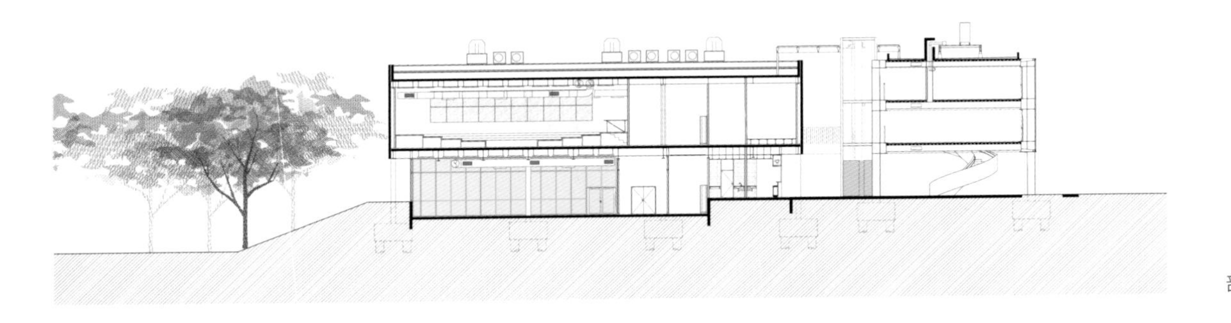

剖面图 HH

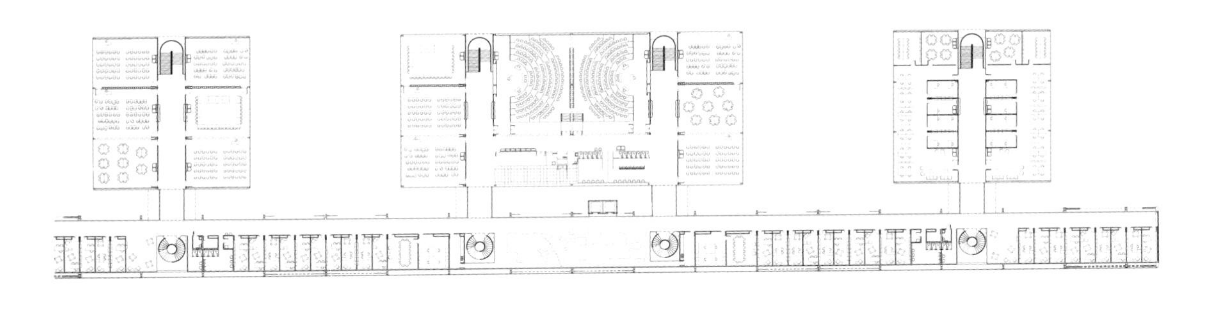

一层平面图

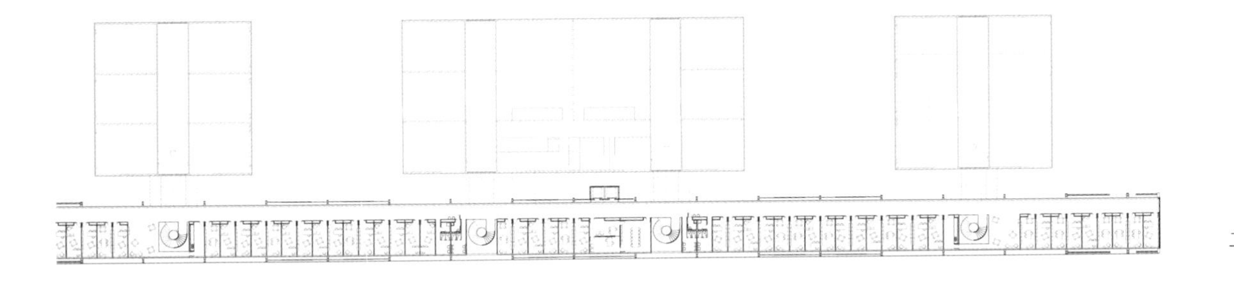

二层平面图

码头大学中心

项目地点：法国，里昂
完成时间：2015 年
委托方：里昂学术区
建筑设计：奥尔韦伯建筑事务所（德国慕尼黑）
景观设计：方丹工作室（法国梅茨－特西 / 安纳西）
结构工程与技术安装：格朗特米奇 • 司查得 • 博苏特（法国圣普利斯特）
摄影：奥尔韦伯建筑事务所

设计理念

码头大学中心位于里昂第七区罗纳河东岸的大学区，由五个部分组成：

- 技术学院（IUT），约有 900 名学生
- 研究与高等教育部（PRES）
- 食堂，可容纳约 1900 人就餐
- 宿舍，200 个床位
- 语言与文化国际学院（建筑师：蒂里 • 范德文佳尔特和维罗尼 • 菲格尔）

大楼的结构和体块将街区内的技术学院和研究与高等教育部 (委托方：大学建筑办公室)、学生宿舍和食堂（委托方：学生住房部）的不同区域明确地区分开来。

各个组成部分都聚集在一个紧凑的环内，四周环绕着宽敞的园林庭院，给外面的城市景观描绘出一个具有代表性而宁静的建筑边缘。庭院有分层的露台区，可作为开放论坛，促进各个机构之间的交流。

紧密交织的混凝土外墙柱让新建大学楼的外部显得十分紧凑。看起来像一个微妙的结构空间，通过色彩与材质将项目与周边环境融为一体。

总布局图

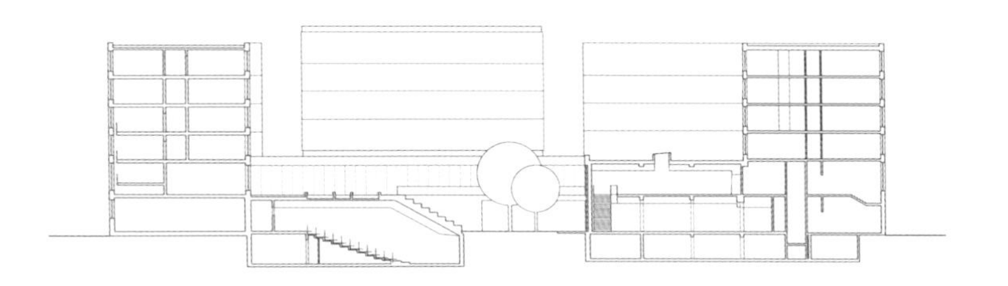

纵向剖面图

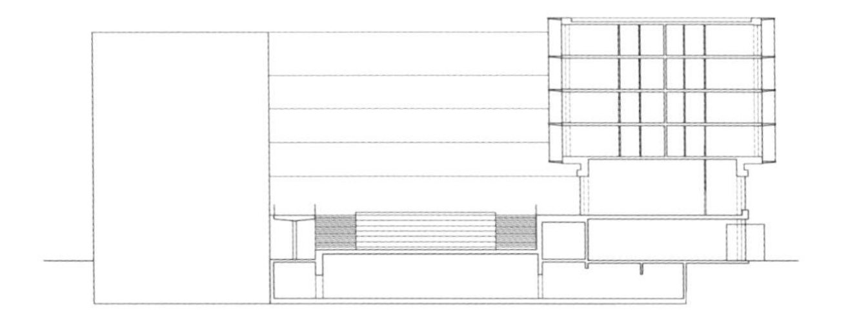

横向剖面图

这座建筑的特点在于：统一的轻质混凝土，限量使用不同的材料，忽略窗台、百叶窗等建筑元素。

主入口的均匀块状结构被故意打破，因为研究与高等教育部的独立体块在平面和高度上显著突出。建筑环采用了一种宝石状的外部可调垂直玻璃，看起来像悬浮在外层一样，使它的功能和位置与现有的大学建筑办公室相对。

一楼和二楼是门厅、餐厅和教室。标准楼层有办公室、会议室和学生公寓。

大礼堂低嵌在区域的中心，为上面的一个大露台创造了空间，二者通过庭院的座位台阶连接起来。

庭院里丰富的绿色植物在紧凑的城市结构中创造了一片绿洲，这使得码头大学成为城市大学生活的重要组成部分。

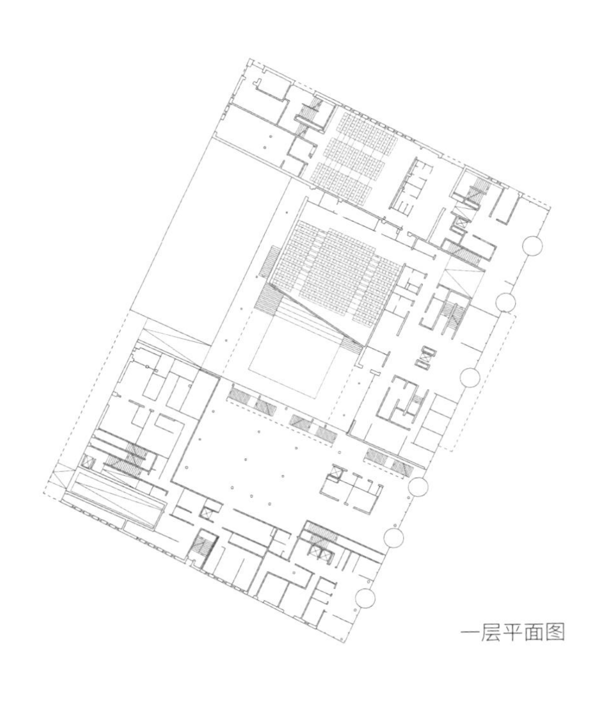

一层平面图

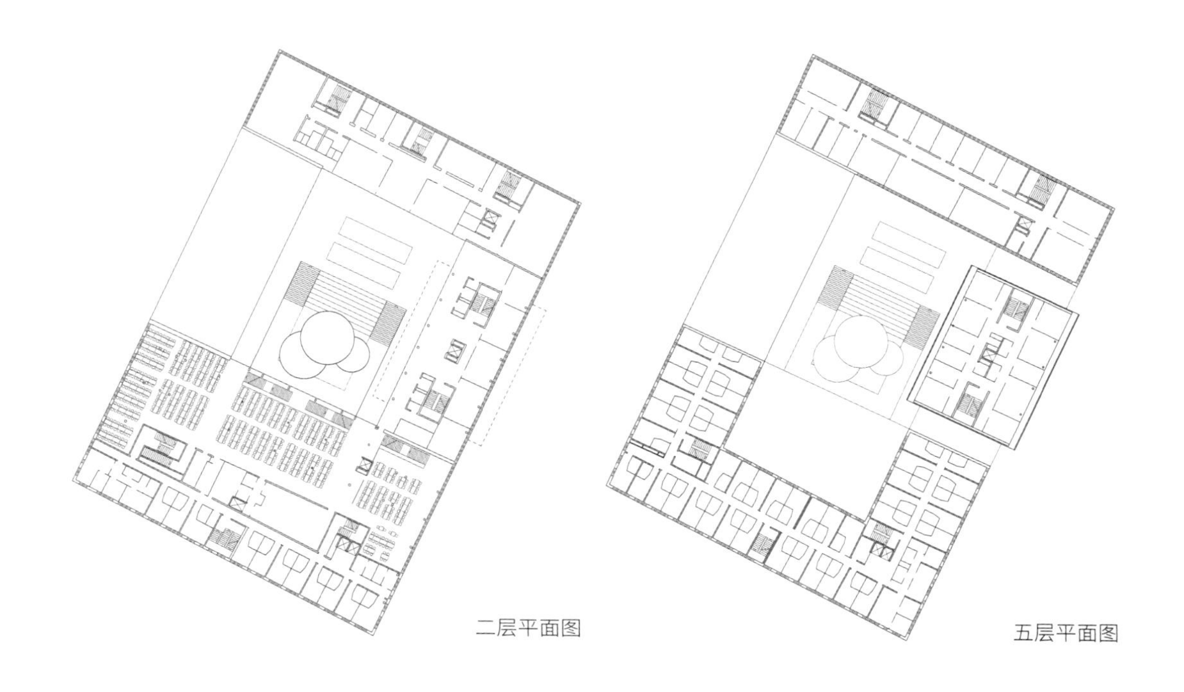

二层平面图

五层平面图

护士培训学院（IFSI）

项目地点：法国，圣迪齐耶
完成时间：2017 年
建筑设计：菲利普·吉伯特建筑事务所（philippe gibert architecte）
主创建筑师：菲利普·吉伯特、克莱蒙斯·里詹迪尔
摄影：塞尔吉奥·格拉齐亚
总建筑面积：2153 平方米
主材：铝、玻璃

设计理念

护士培训学院（IFSI）项目位于圣迪齐耶医院中心。这所大学建筑结构简单、理性而有序，共有两层两个空间。

第一个空间位于底层，采用穿孔板遮阳。前院有一个由楼板悬臂结构形成的雨篷。建筑内部，入口大门朝着宽阔的过厅打开，在玻璃屋顶下形成了一条室内街道。这个明亮的空间内布置着各种标识和家具，显得欢快而生活化。

二楼墙壁上高大的窗口、天空以及灯光效果突出了粗糙混凝土的质感。室内街道周围的空间组织构成了非正式会面空间，流畅而实用。不同的房间、教室、辅导室、办公室、图书馆、学生间等都能享有自然采光和清晰的视野。处理后的玻璃窗可防眩光，提供柔和的光线。

建筑的朝向使其可获得免费的太阳能，而钢筋混凝土建筑系统则提升了建筑的能效表现。绿色屋顶的设计则进一步完善了建筑的热舒适度。

这座建筑对学生、教职员和行政人员来说有一种高品质的吸引力，使他们能够在最佳的环境中工作和学习。

Centre
Hospitalier
SORTIE
PARKING
VISITEURS
AMBULANCES

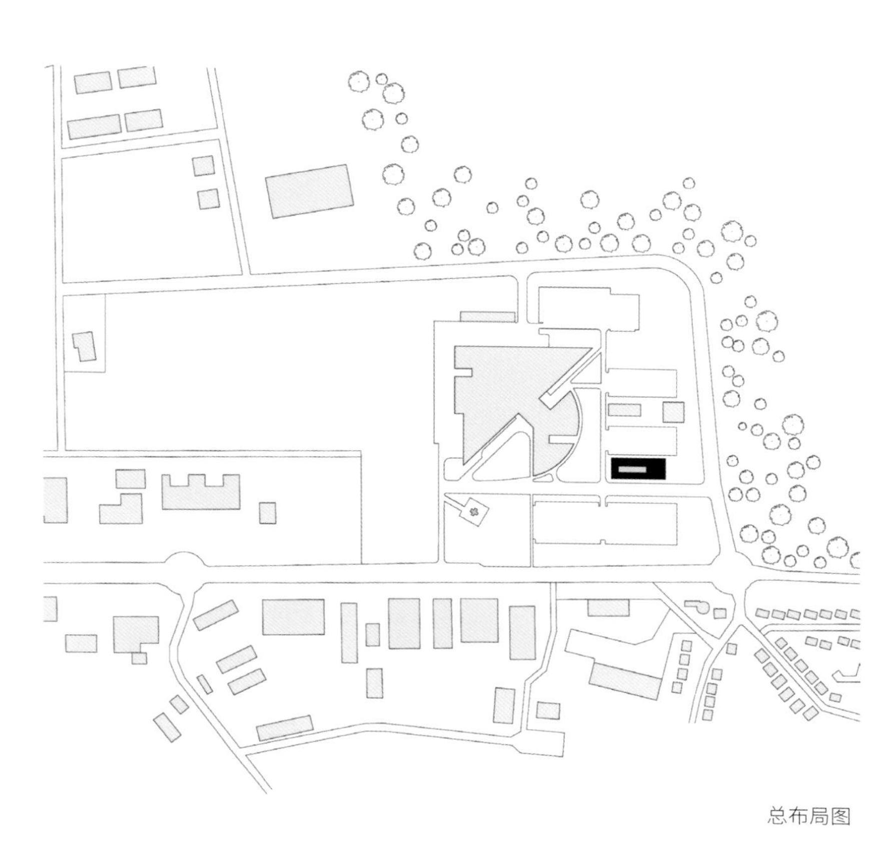

总布局图

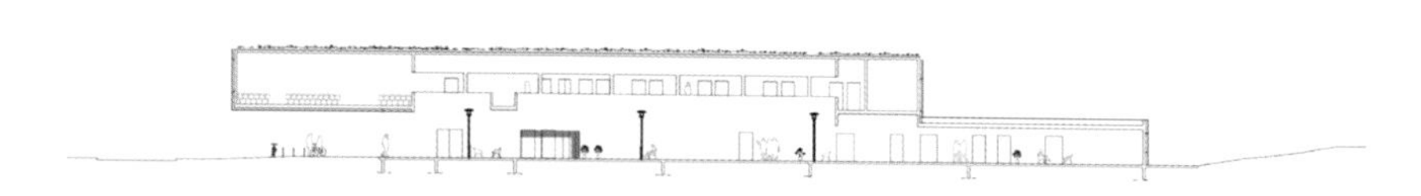

剖面图

IFSI

A
1
SALLE DE COURS

3

3
5
4

IFSI

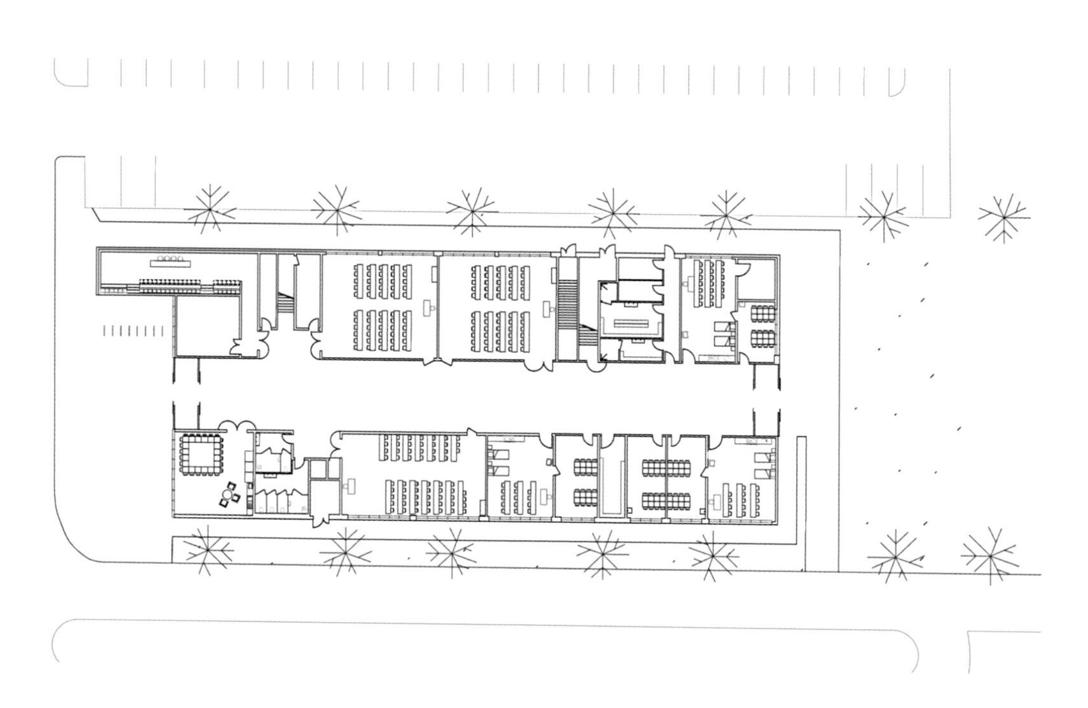

一层平面图

项目地点：丹麦，海宁
完成时间：2017 年
建筑设计：C.F. 穆勒建筑事务所（C.F. Møller Architects）
景观设计：C.F. 穆勒建筑事务所（C.F. Møller Architects）
工程设计：COWI 公司
摄影：C.F. 穆勒建筑事务所
面积：4700 平方米
获奖情况：2014 年建筑竞赛一等奖

海宁施尔姆职业学校

设计理念

新建的海宁职业学校是一座独立建筑，处于现有的校园教育建筑群中。学校的设计由内向外，重点在于打造最佳的学习和研究环境；由外向内，与周围的环境建筑建立联系，利用城市空间为室外工作和教学提供更多的可能性。

设计师考虑到，人们的行为及思想是由他们所处的现实环境所塑造的。学习环境的形式，即建筑，对学生的日常学习有着至关重要的影响，因此，必须以现代和民主为总则进行设计。

建筑棱角分明，将三个建筑空间置于一个斜屋顶下，其 比例与周边的环境相呼应，由南侧的三层变化成北端的两层。角形大楼与周边建筑一起打造了三个全新的户外城市学习空间：广场、学习花园和前庭花园。

广场作为一个重要的场所，将周边的学院和人员聚集起来。广场利用浇筑混凝土间的两个巨大裂缝引入了绿化，将城市尺度与人文尺度相融合。天气干燥时，三角形凹地在绿地中提供座位；下雨时，凹地可作为天然的渗透和贮水池，缓解下水压力。

HERNINGSHOLM

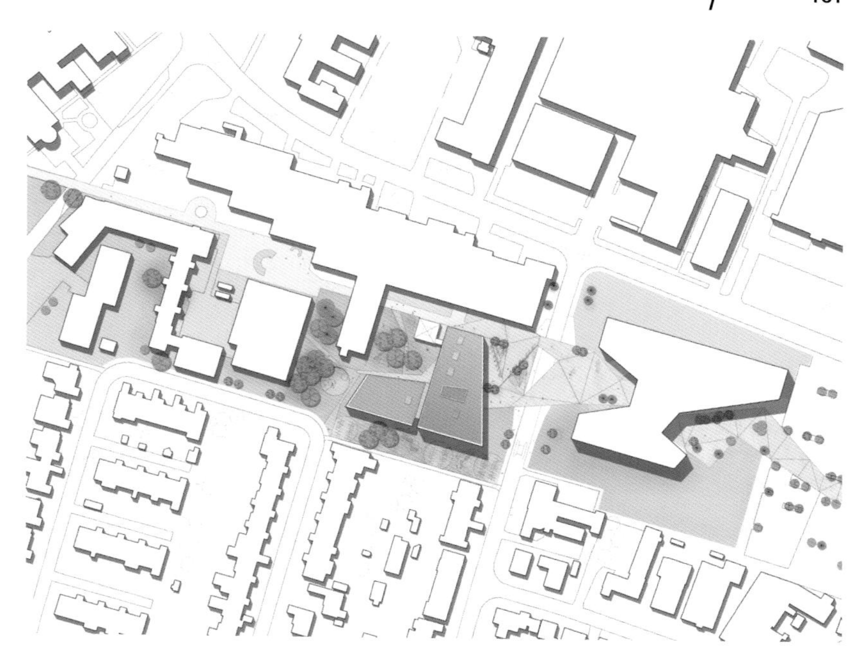

总布局图

东立面图

北立面图

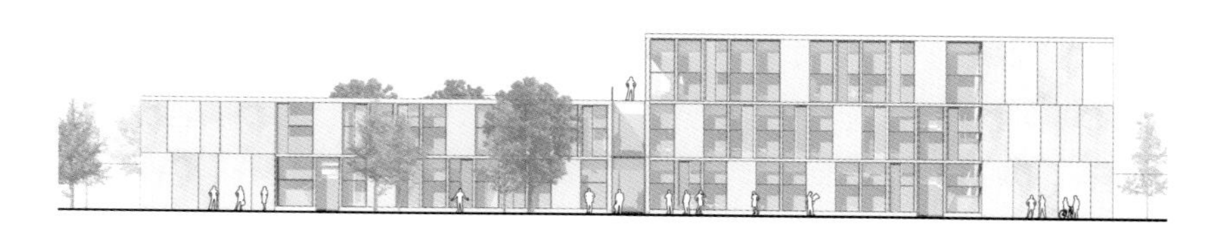

南立面图

西立面图

太阳能屏
- 朝南悬帘立面
- 水平 / 垂直翅片
- 穿孔金属百叶窗，遮住阳光，同时保持进出的视野
- 遮阴种植
- 室内遮阳板

良好的采光
- 翅片将日光反射到学习区域的深处，以便均匀分布日光

空间之间的灯 / 通风带
- 更好地吸收日光
- 从多个方向照亮的空间

公共区域
- 休闲家具
- 协作 / 互动空间
- 集中的壁龛

自然通风
- 减少能源负荷
- 改善室内微气候
- 提高舒适度

热叠加效应
- 两层到三层高的中庭实现自然通风策略

雨水蓄水池
- 雨水处理
- 含水层补给
- 改善生物多样性

横向剖面可持续设计细节图 1

1. 学习空间
2. 通风口 / 灯
3. 浴室 / 厂房核心
4. 学习咖啡馆
5. 双高空间
6. 雨水蓄水池
7. 天窗
8. 绿色屋顶

西侧，一座宁静的花园环绕着原有的树木，名为学习花园，供人们学习、思考和冥想。南侧，作为半公共空间的前庭花园直通一楼的教室。

建筑朝向广场的切口为学校创造了一个戏剧性的建筑风格。屋顶悬挑形成了屋顶下的户外空间，它协调了从低层建筑到北部的过渡，并清晰地突出了学校的主入口和一楼的“店面”，在这里可以看到各种教学活动。

作为建筑主体的学习空间围绕统一的公共空间展开，同时也是一个灵活的学习环境。学习空间两两一组，便于从学校的所有学习空间直接进入公共空间。

建筑是为一般用途而设计的，学习空间的设计使物理环境支持和匹配多样、灵活的现代学习理念。墙壁上立面内嵌的座位 / 书房壁龛提升了空间的品质，并激发了更多的非传统用途。移动家具可以快速转换学习空间，适应各种教学情境。

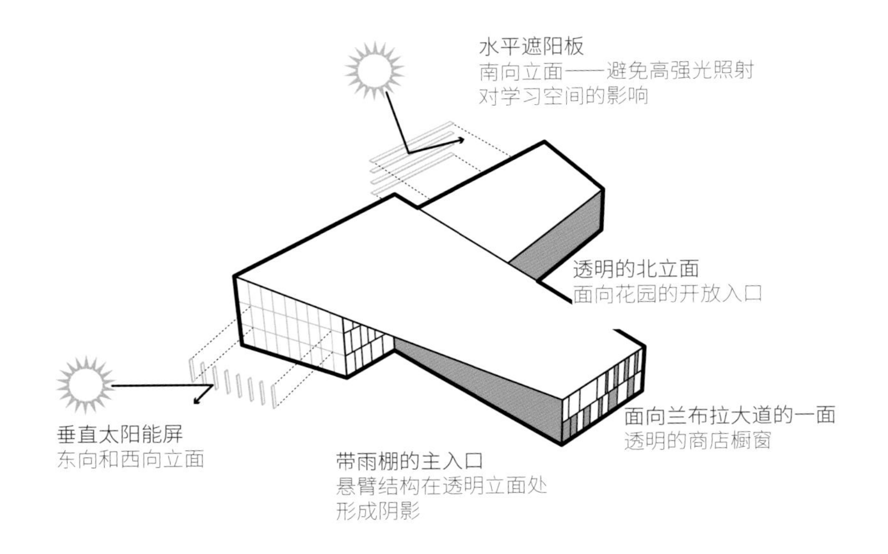

立面：360° 整合设计

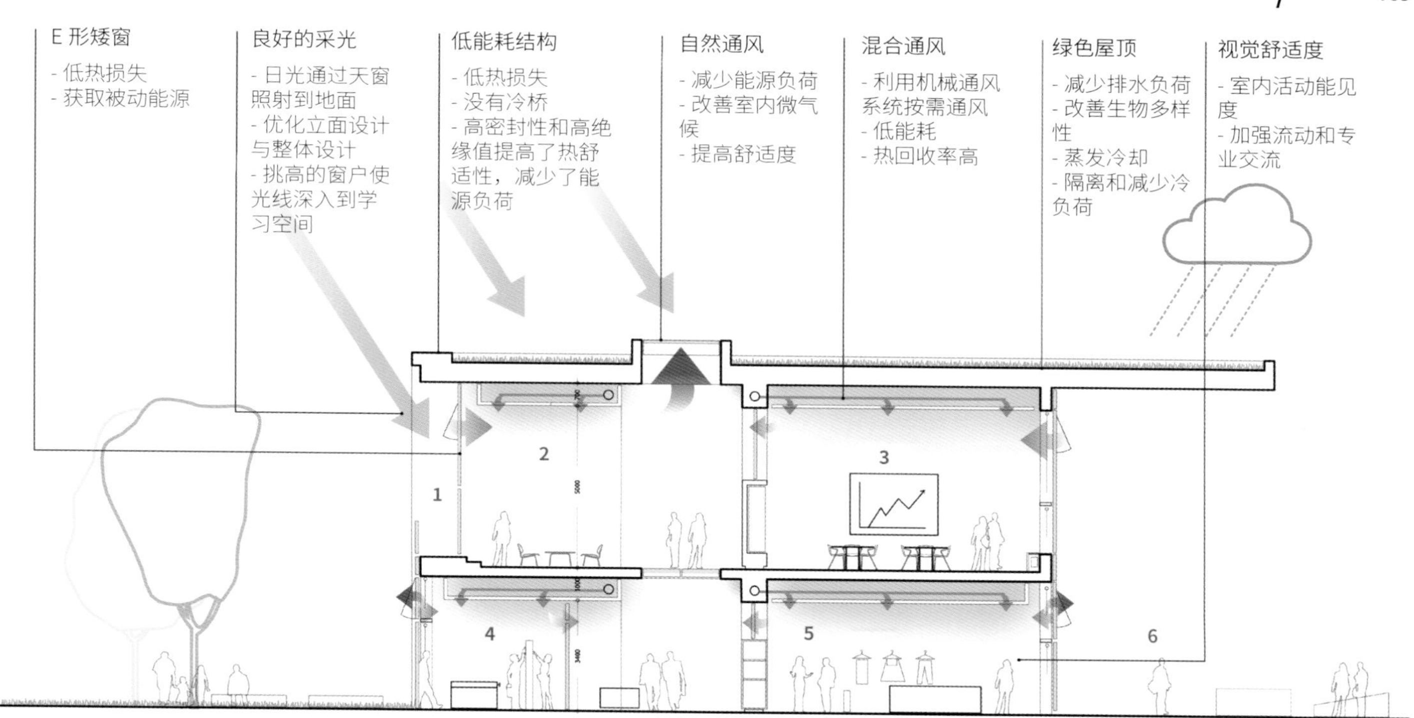

横向剖面可持续设计细节图 2

1. 露台
2. 学习咖啡馆
3. 学习空间
4. 车间
5. 商店
6. 入口广场

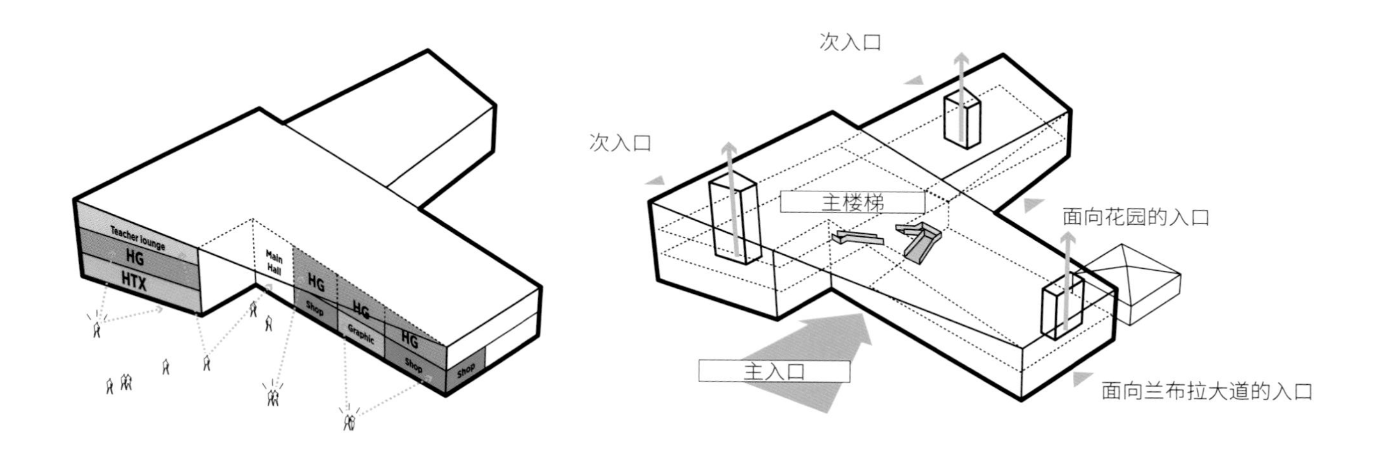

案例展示：展示所有功能区

循环：入口和通道

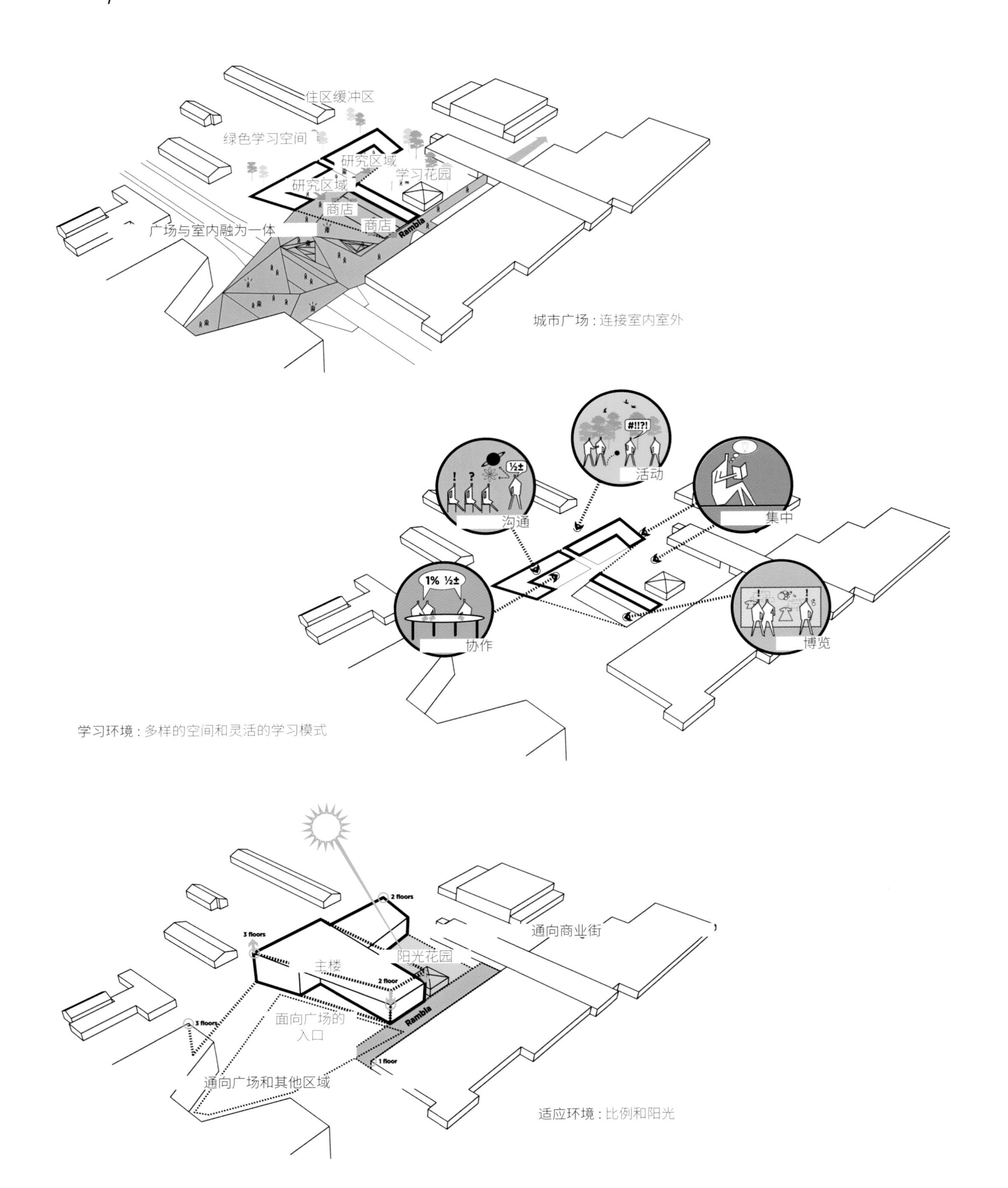

住区缓冲区
绿色学习空间
研究区域
学习花园
研究区域
商店
商店
广场与室内融为一体
Rambla
城市广场：连接室内室外
#!!?!
活动
½±
沟通
集中
1% ½±
协作
博览
学习环境：多样的空间和灵活的学习模式
2 floors
3 floors
通向商业街
阳光花园
主楼
2 floor
Rambla
面向广场的
入口
3 floors
1 floor
通向广场和其他区域
适应环境：比例和阳光

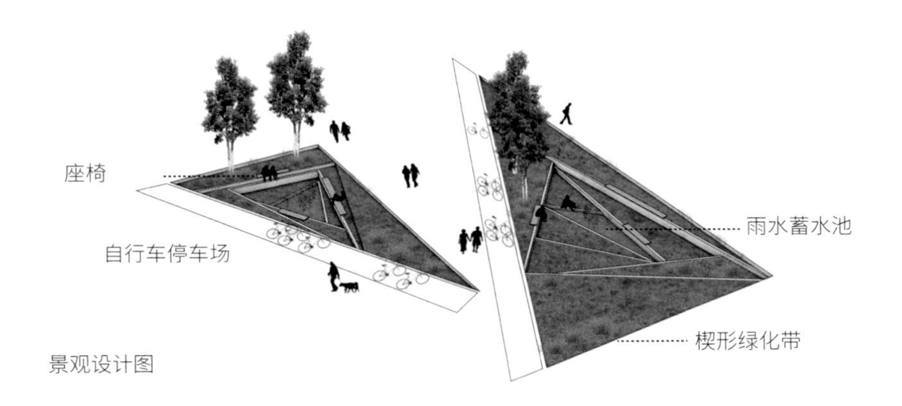

景观设计图

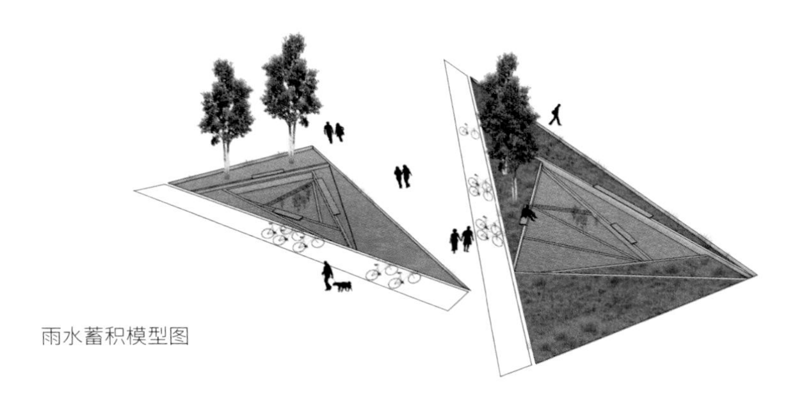

雨水蓄积模型图

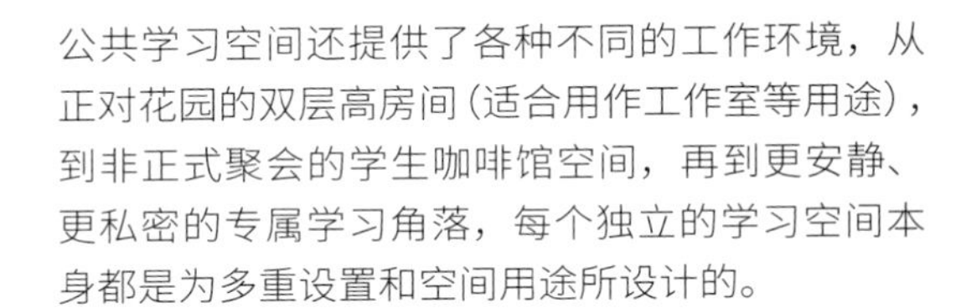

公共学习空间还提供了各种不同的工作环境，从正对花园的双层高房间（适合用作工作室等用途），到非正式聚会的学生咖啡馆空间，再到更安静、更私密的专属学习角落，每个独立的学习空间本身都是为多重设置和空间用途所设计的。

建筑立面根据朝向进行区分，展示了建筑、可持续发展倡议和安装原则是如何与建筑理念充分适应和融合的：玻璃幕墙的特点是集成必看和深嵌空间，为外墙提供遮阳，利用重力设计和大量预制纤维水泥立面板，结合高大的青铜阳极氧化穿孔铝百叶窗，增加了温暖感和多变的构成。

一层平面图

Keeping together is progress.
neither clever nor especially gifted
is not taking any risk...
The biggest risk is

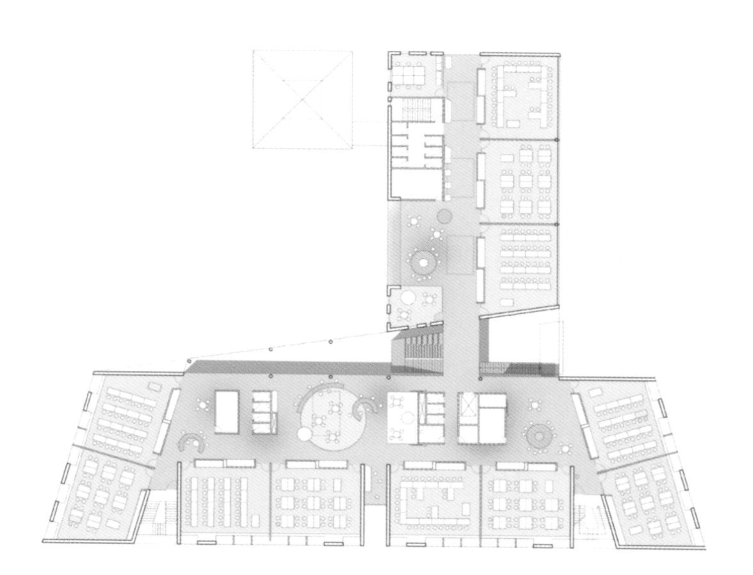

二层平面图

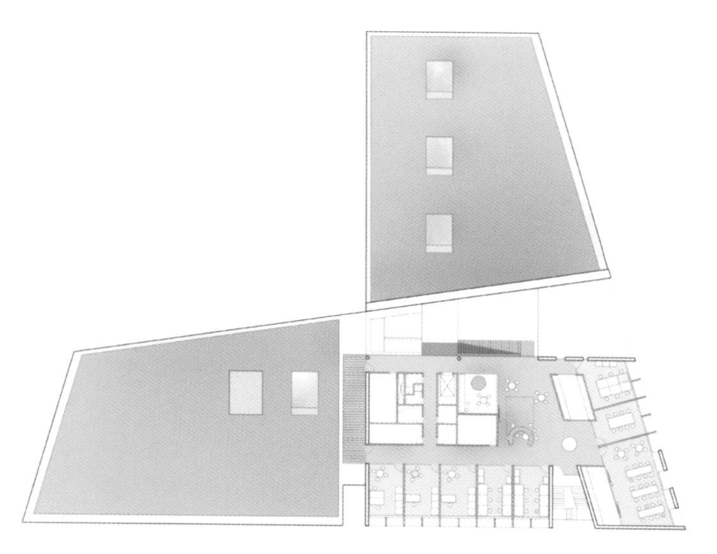

三层平面图

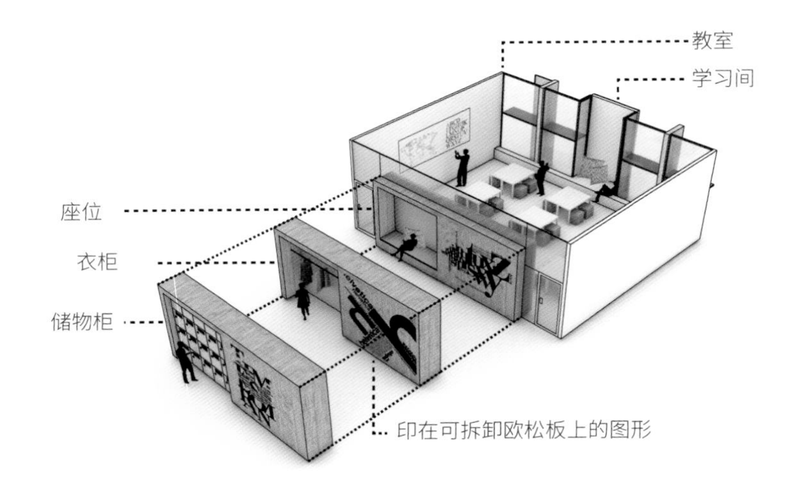
教室
学习间
座位
衣柜
储物柜
印在可拆卸欧松板上的图形

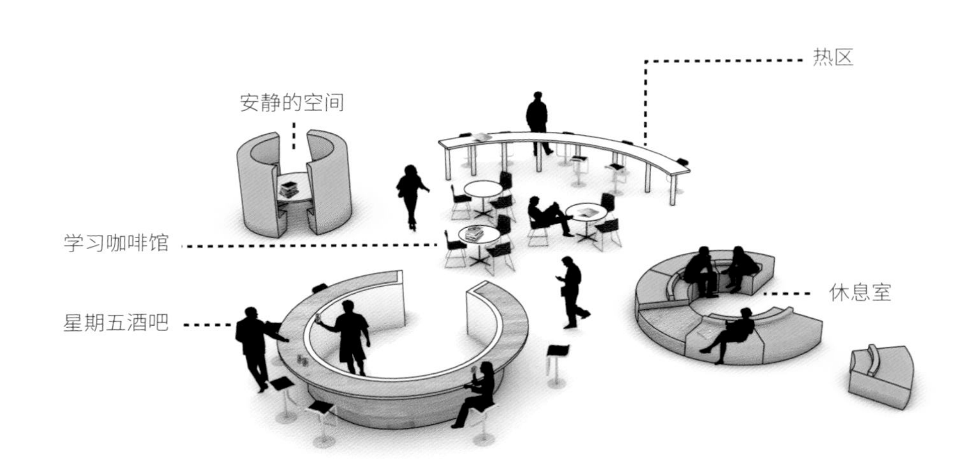
热区
安静的空间
学习咖啡馆
星期五酒吧
休息室

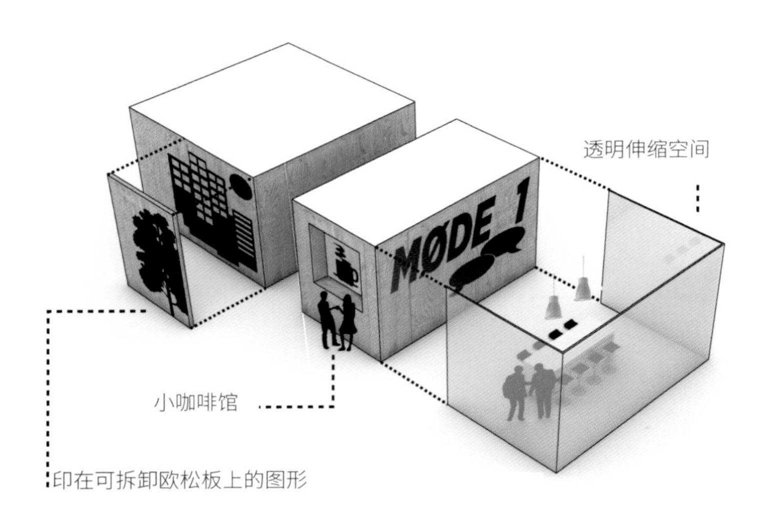
透明伸缩空间
MØDE 1
小咖啡馆
印在可拆卸欧松板上的图形

学习空间图

项目地点：土耳其，伊斯坦布尔
完成时间：2016年
委托人：科克大学
建筑设计：创意建筑事务所 + 加农设计
摄影：奥米尔·卡尼帕克、奥尔罕·古路斯卡——亚尔西科姆建筑摄影
建筑面积：240,000平方米

科克大学医疗科学校区

设计背景

位于伊斯坦布尔托普卡皮区的科克大学医疗科学校区的概念设计和医疗规划是由创意建筑事务所与加农设计合作完成的。从项目的早期阶段开始，就由各方代表组建了设计工作室，包括医生、护士、教授和管理团队。除了概念设计和医疗规划，创意建筑事务所还进行了必要的设计修改，因为在第一阶段完成后，有关部门调整了规划许可。

设计理念

该项目的设计理念是创建一个足够灵活的空间组织，以应对未来可能的需求和要求，同时作为医疗行业的创新研究中心。该设计还鼓励不同学科的整合和合作，以实现更好的医学教育。

学术教育与专业应用功能精心定位，相互支持。该校区拥有一所具有科研和培训项目的医学院、一所可容纳440名住院病人的大学医院、一所护士学校、一个先进的模拟中心、高安全性研究实验室、宿舍、社交设施及体育馆。因此，设计力求在研究、培训和医院街区之间建立起视觉和实体联系。

透视图

1. 高仿真模拟研究中心
2. 病房
3. 幼儿园
4. 医学院
5.ICU 和病房
6. 肿瘤服务区
7. 综合诊所和病房
8. 南翼
9. 北翼

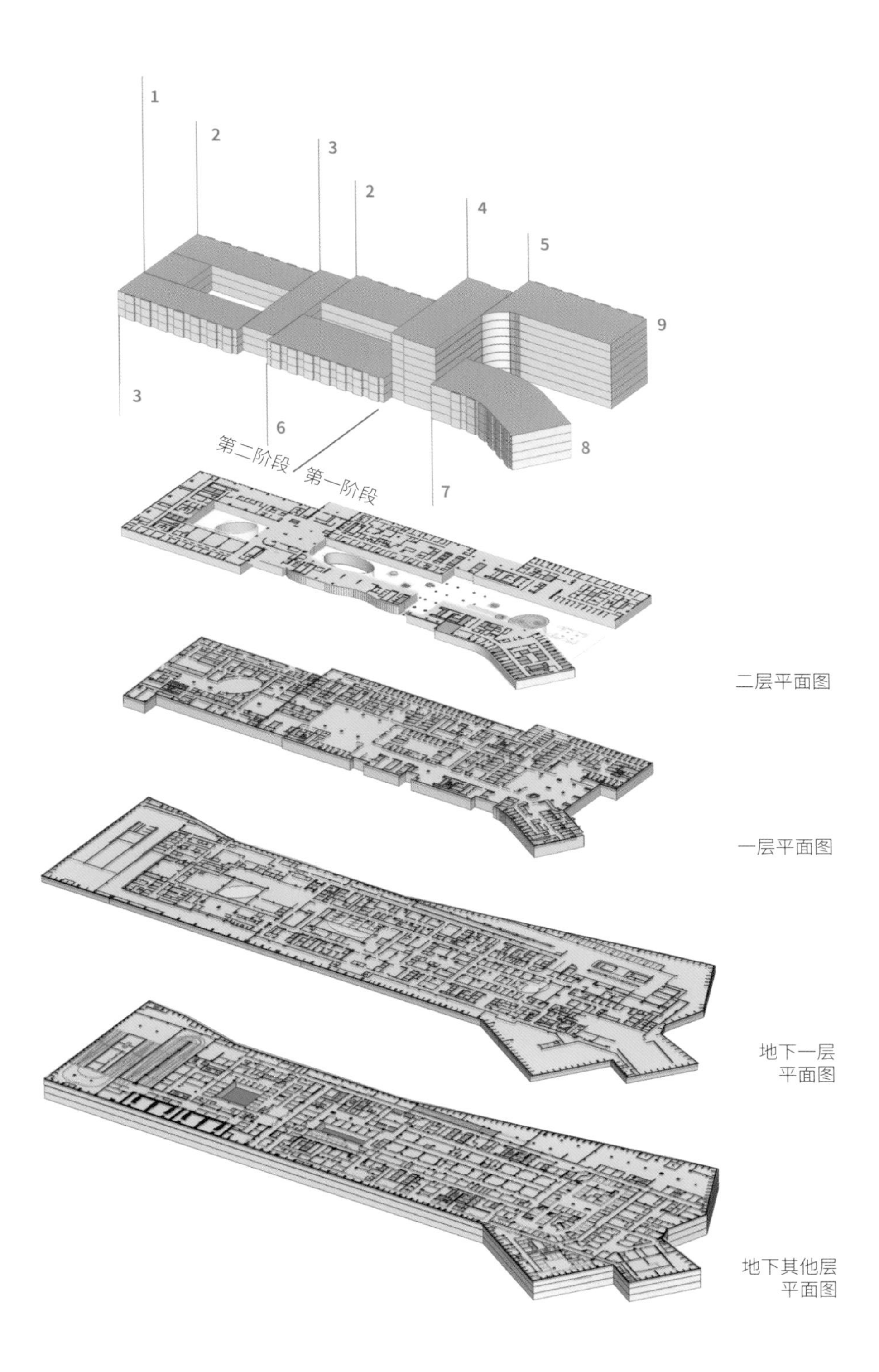

建筑形式由抽象的现代造型和材料构成，其起源可以追溯到该大学位于伊斯坦布尔偏远地区的大学的另一个校区。建筑形式和材料都参考了土耳其传统建筑。南翼的大屋檐和风格独特的凸窗都体现了这一点。

建筑位于一块狭窄的场地上，主要由两个矩形的长块并列组成。南翼设计得较低，并与另一个结构保持距离，以便让更多的自然光进入中庭和北翼。两翼之间的开口处是一个引人注目的医院入口。主入口上方的平台为病人、医生、学生和访客提供了一个安静的公共空间。

结构设计中使用的中庭是保证内外统一的重要建筑元素。此外，由于在夹层、地下室等开放空间中设置了天窗，可以获得更多的自然采光。在项目的第一阶段中，医学院和医院位于综合体的正面，而护士学校和未来的扩建部分（如宿舍、科技园和社交设施）则位于西北侧，在第二阶段完成。由于在施工过程中建筑法规突然变化，第二阶段的建筑结构无法按照原计划与第一阶段的结构在同一高度上施工。因此，由于第二阶段提出的一些功能方案被取消，空间设计进行了修改。

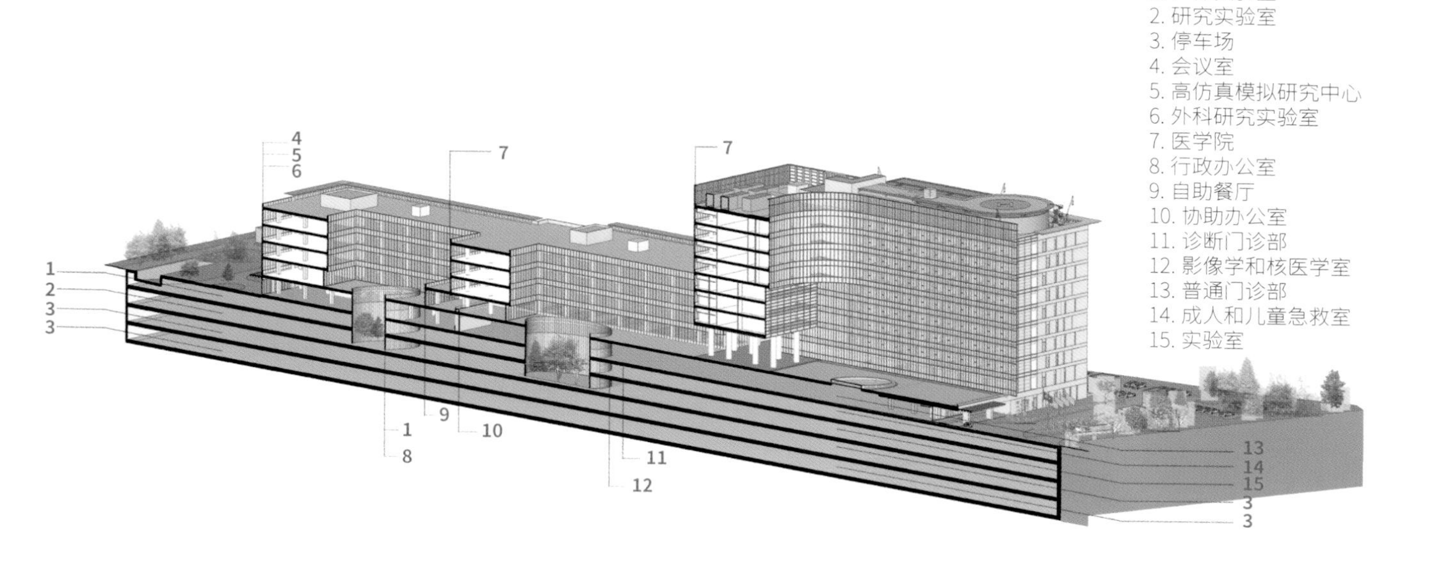

透视剖面图

1. 尸体实验室
2. 研究实验室
3. 停车场
4. 会议室
5. 高仿真模拟研究中心
6. 外科研究实验室
7. 医学院
8. 行政办公室
9. 自助餐厅
10. 协助办公室
11. 诊断门诊部
12. 影像学和核医学室
13. 普通门诊部
14. 成人和儿童急救室
15. 实验室

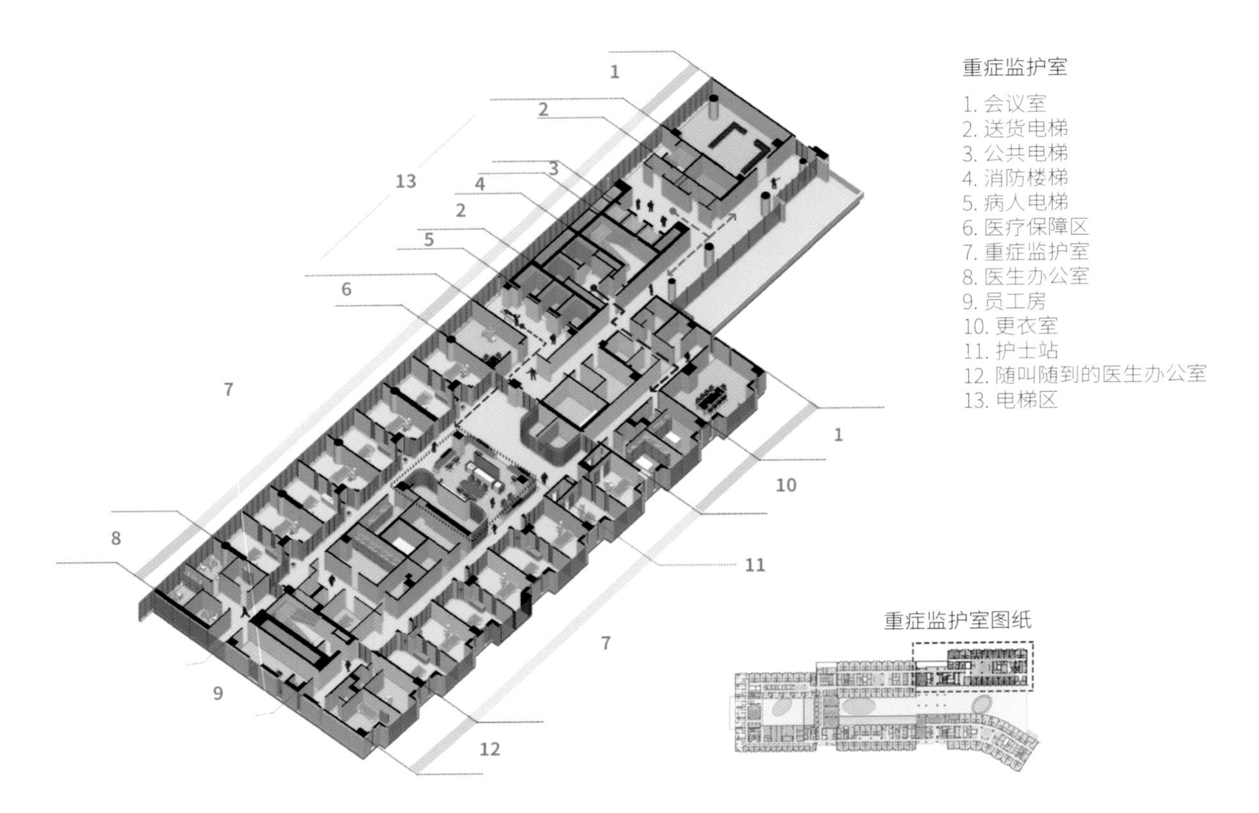
重症监护室
1. 会议室
2. 送货电梯
3. 公共电梯
4. 消防楼梯
5. 病人电梯
6. 医疗保障区
7. 重症监护室
8. 医生办公室
9. 员工房
10. 更衣室
11. 护士站
12. 随叫随到的医生办公室
13. 电梯区
重症监护室图纸

0 10m 50m

剖面图

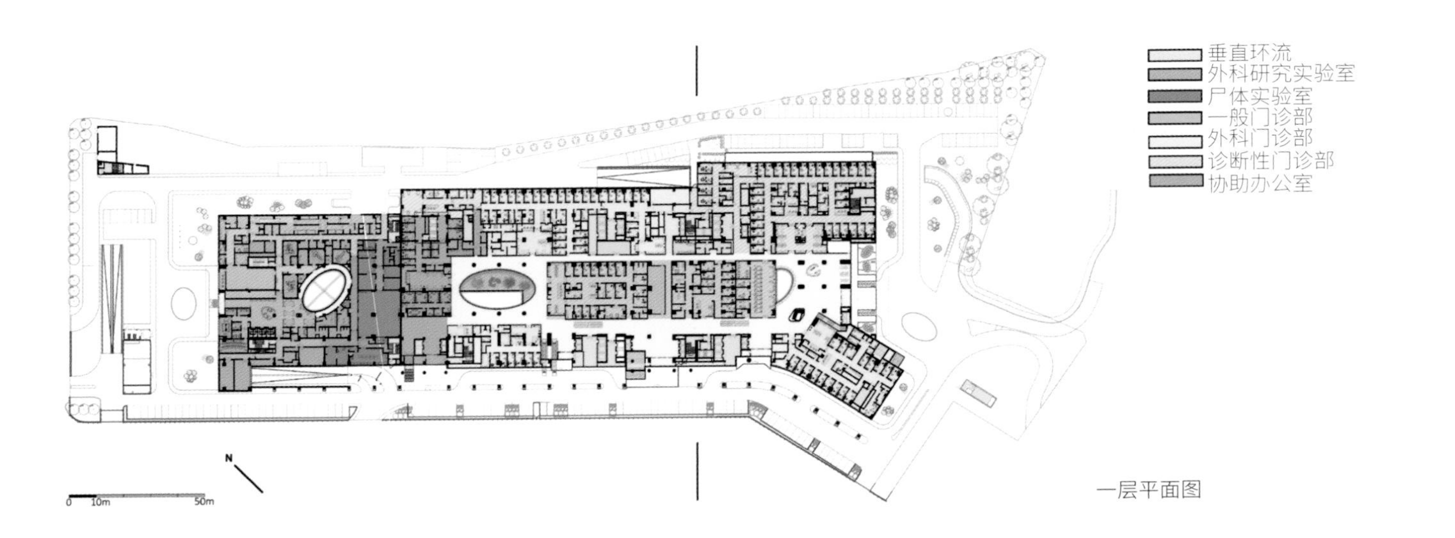
垂直环流
外科研究实验室
尸体实验室
一般门诊部
外科门诊部
诊断性门诊部
协助办公室
N
0 10m 50m

一层平面图

教室、实验室、病房和重症监护室等空间，以及自助餐厅、餐厅和办公室等辅助功能，要么与中庭相连，要么在视觉上与下沉花园相连。得益于这种空间组织，所有的空间，尤其是地面的空间，无论距离外墙有多远，都可以获得自然采光。

该项目所面临的主要挑战之一是将医院的内部交通路线与其他单元隔开。病人、学生、学者和访客等不同用户只能在指定地点相遇，以保证高卫生标准。环绕校园和地下室的服务道路被预留给其他交通需求，如紧急通道、货物运输和废物回收。

设计的主要原则是排除可能增加建造和维修费用的项目和决定。这就是为什么在整个建筑群中，更多地采用了耐用、易于清洁和低维护的材料和细节设计。这种设计也避免了奢华，创造了一个平和而低调的建筑形式，将为病人、学生和员工提供一个中立而舒适的环境，把重点放在了他们所关注的康复、教育和研究上。

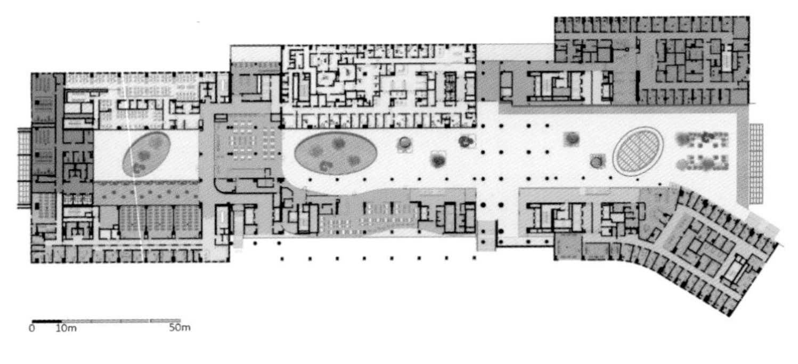

二层平面图

垂直环流
托儿所
餐厅
管理办公室
耳鼻喉科诊室
妇女保健诊室
儿科门诊
高级仿真研究中心

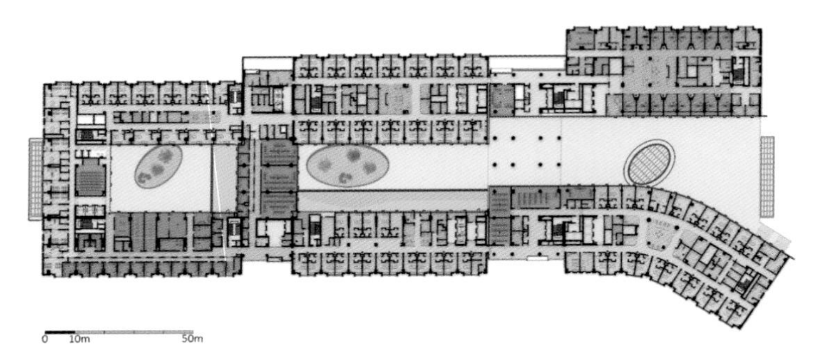

三层平面图

垂直环流
病房
会议室
托儿所
重症监护室
高级仿真中心
医疗保障区

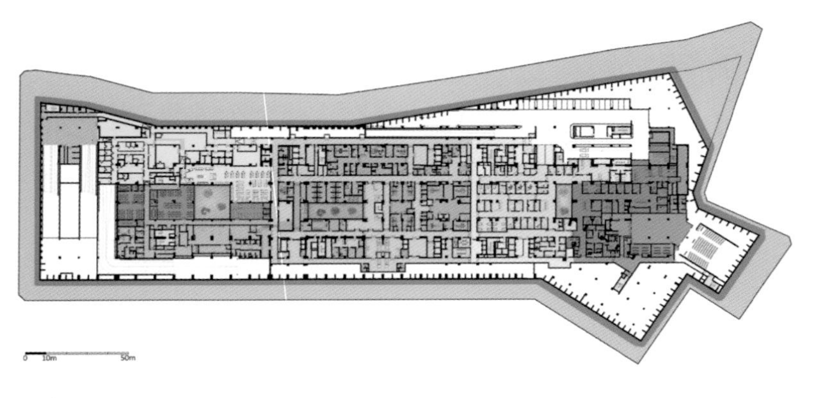

地下一层平面图

垂直环流
主餐厅和厨房
门诊化验室
影像学与核医学室
成人急诊室
儿科急诊室
行政办公室

项目地点：巴西，阿雷格里港
完成时间：2017 年
建筑设计：AT 建筑事务所
摄影：马尔塞洛·多纳杜斯
面积：56,000 平方米

西诺斯河谷大学阿雷格里港校区

设计背景

西诺斯河谷大学阿雷格里港校区占地 13,000 平方米，位于该市最具价值的商业中心。

设计理念

项目分为四个单元：教学、剧院、服务和停车场。

教育大楼是整个项目中最重要的部分，位于街角，能见度更好，共 10 层，其中 2 层在地下。建筑从道路上内收，形成一个入口平台，实现了更好的整体视角。大楼共有 90 间教室，还包含图书馆、行政、学习空间以及社交区。

入口大道是一个重要的衔接空间，在视觉上整合了服务区、入口大厅和学生露台。其两侧是看台，加强了这种视觉联系，创造了聚会的空间。

剧院可容纳 470 名观众，位于教学大楼前面，紧邻拐角。剧院分为三层，只有一层位于地上，微妙地彰显着它的存在。舞台与学生庭院位于同一层，有一扇 14 米高的大门，可以让公众在户外观看表演。

NOVA PÓS UNISINOS
· Flexibilidade para conciliar trabalho e estudo.
· Cursos para todos os momentos de sua carreira.
UNISINOS
POA

UNISINOS

横向透视图

纵向透视图

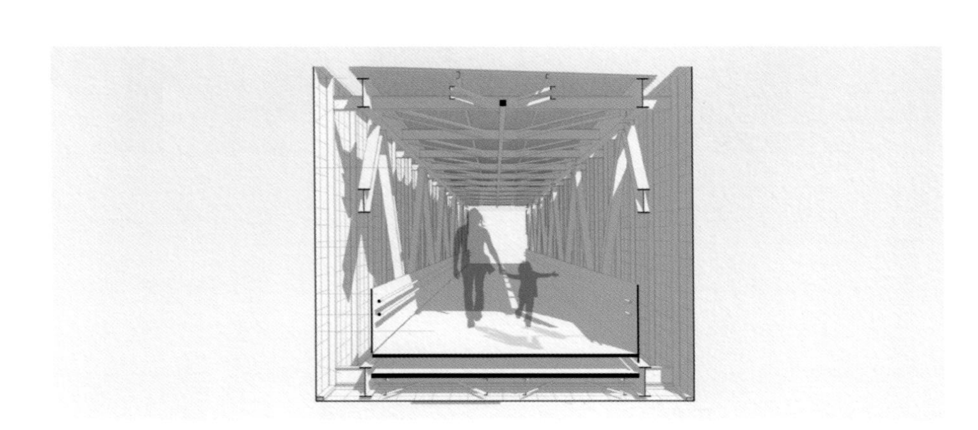

人行桥细部图

人行天桥穿过林荫大道，将校园与学校连接起来，是一个组织元素，把服务区域与教学大楼分隔开来。它采用金属结构，外部为膨胀铝板，显得通透而轻盈。

服务区域是巨大的生活空间，占据两层，可通过人行天桥、入口大道或公共人行道进入，将大学与城市空间融为一体。

服务区的外立面是一堵 80.00 米 X11.00 米的绿墙，其建造目的是在视觉上重建因道路加宽而被移除的植被，这是该项目的标志特征之一。

地下停车场包含上千个停车位，充分利用了地形天然的不平衡性，这是在街区内进行巧妙植入的基本策略，宽阔的人行道和间距可更好地容纳建筑。

ESPAÇO UNISINOS

ESPAÇO UNISINOS

SEVERO
GARAGE

2
SEGUNDO ANDAR
LOJAS
STORES
PASSARELA
FOOTBRIDGE
SANITÁRIOS
TOILETS
FRALDÁRIO
BABY CHANGING ROOM
T
TÉRREO
GROUND FLOOR
LOJAS
STORES
ALIMENTAÇÃO
FOOD COURT
TORRE EDUCACIONAL
ACADEMIC BUILDING
TEATRO UNISINOS
UNISINOS THEATER

BORELLA'S

2
5
8
1
4
7
B
3
6

802
803

← 202-205
206-208 →
2
206
2
2

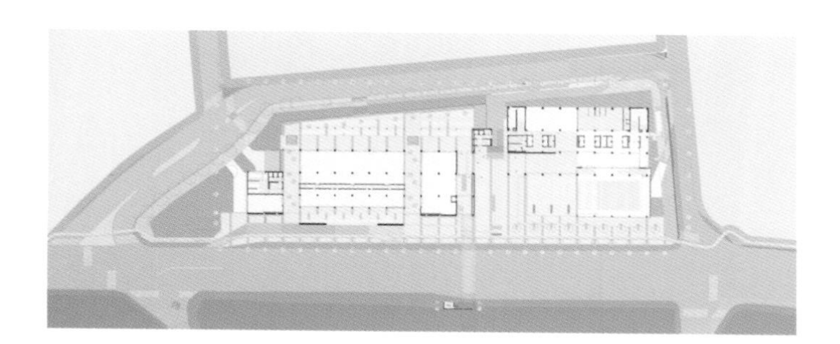

一层平面图

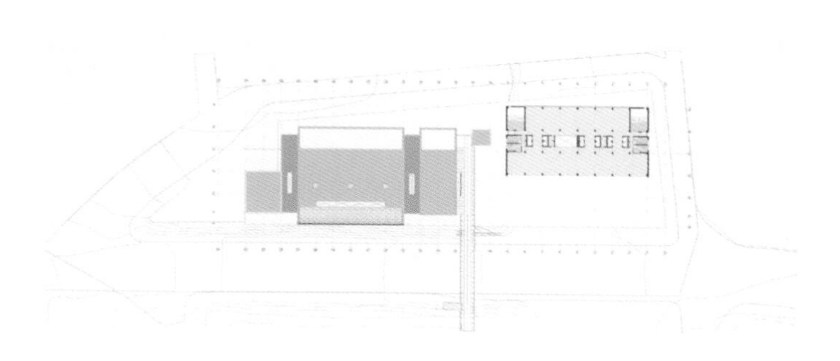

三至七层平面图

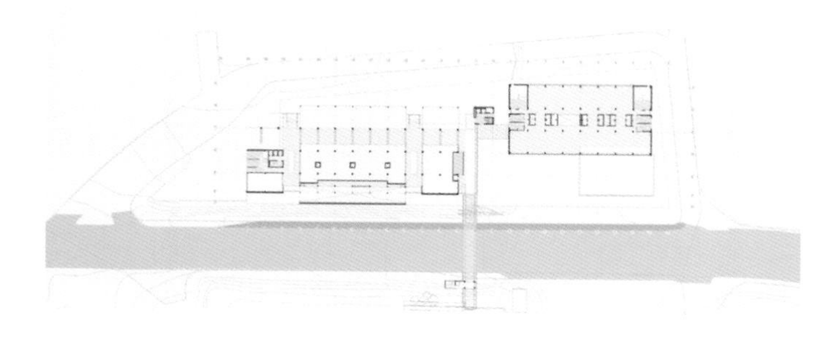

二层平面图

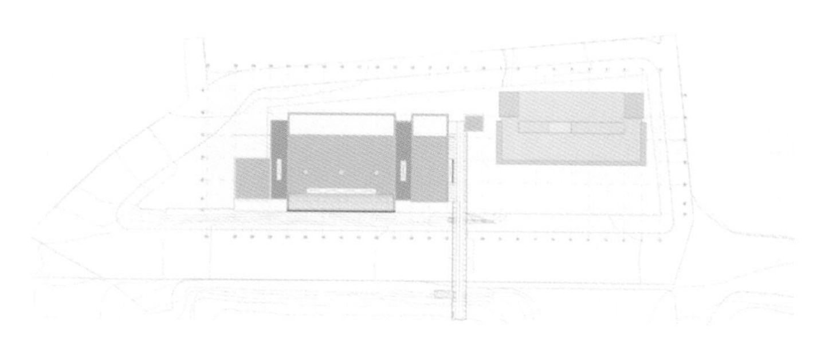

屋顶平面图

项目地点：墨西哥，尤卡坦
完成时间：2015 年
建筑设计：罗伯托·荷西·安科纳建筑事务所
摄影：罗伯托·荷西·安科纳建筑事务所
面积：5768 平方米

尤卡坦教育大学

设计理念

这是一个充满活力的建筑群，由不同的几何结构构成，展现了不同的大学功能，通过精心的布局和设计，使建筑犹如位于丛林之中，并形成了一个大的庭院，营造了多种不同的学校氛围。

学校建筑与周围环境相融合，但又有微妙的区别。它是按照城市化结构构建的，将入口定位在主道和环形交叉口的节点上。弯曲的形状和高度与相邻的经济学院建筑相呼应。西侧墙壁与校园图书馆对齐，而教学楼区采用了具有坡度的饰面。

该学校建筑采用了三种几何结构，以响应不同的大学职能。第一个是三层的正交体，用于教室；第二个是两层的三角体，用于管理者办公室和研究室；第三个是由两个弯曲的卷型结构组成，用于行政区和服务区。这种设计策略有助于对各个功能区的识别和区分。

设计利用了曲线形状和直线形状之间的对比所产生的张力。整个建筑利用飞行平台整合在一起，通过折叠形成门廊，通过旋转又与三角体的建筑整合在一起，再经过一个过渡，重新融入教室建筑中，形成沿楼梯墙的走廊。

在学校建设中保留了大部分的原始景观，约 300 棵树木保存下来。1300 平方米的庭院是学校的主要特色，建立了人与大自然的亲密联系，可以使学生更多地参与到户外活动中来。

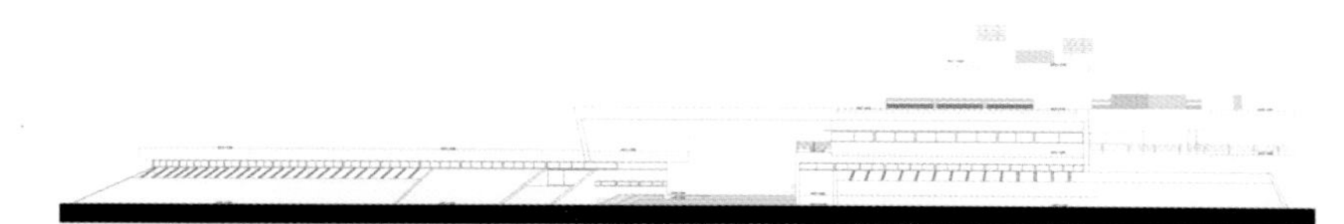

主立面图

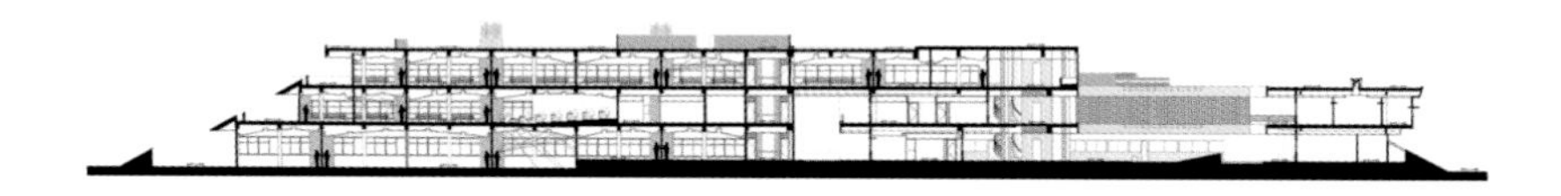

剖面图 1

剖面图 2

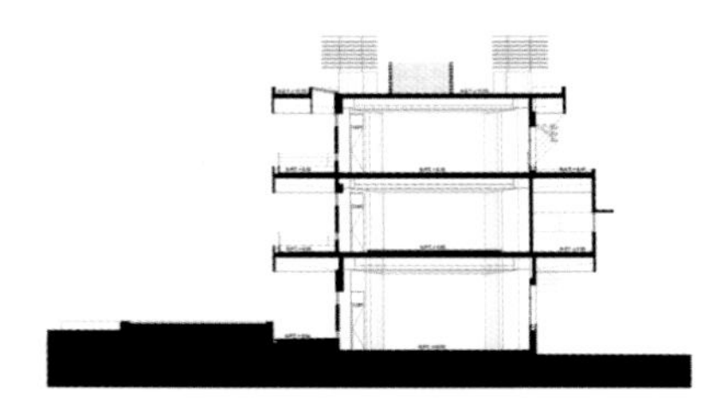

剖面图 3

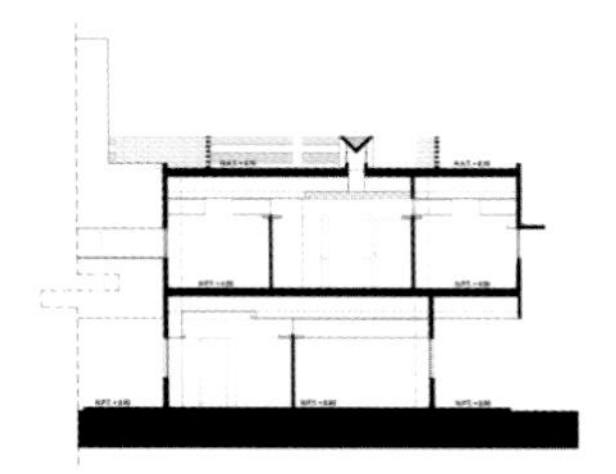

剖面图 4

教室区作为学校的主体部分。它们的体量最大，分为三层，南北向分布，南立面配有金属百叶窗，以避免受到强光的照射。窗户的策略性设计也有利于自然通风。同时还配备了风塔这种被动设备来增加空气循环。

建筑所使用的构造系统是：每 4 米一个刚性混凝土框架，包括平行剖切的弯曲结构。通道内设有双 T 形梁，平均 20 米一个。此外，还有一个空心的混凝土梁结构，长达 8 米，位于楼梯上方和教室西立面墙的上方。

这是一个精心设计的空间序列，弯曲转折和结束区结构清晰，并在不同的功能区内创造了意想不到的视觉效果。以水平线型作为主要特色的建筑，体现了以人为本的设计理念，树立了学校的品牌形象，彰显了生动的学校氛围。

一层平面图

1. 到达走廊
2. 停车场
3. 入口通道
4. 到达广场
5. 行政区
6. 楼梯和电梯
7. 展区
8. 天井
9. 礼堂外部
10. 礼堂
11. 自助餐厅
12. 教室
13. 服务区

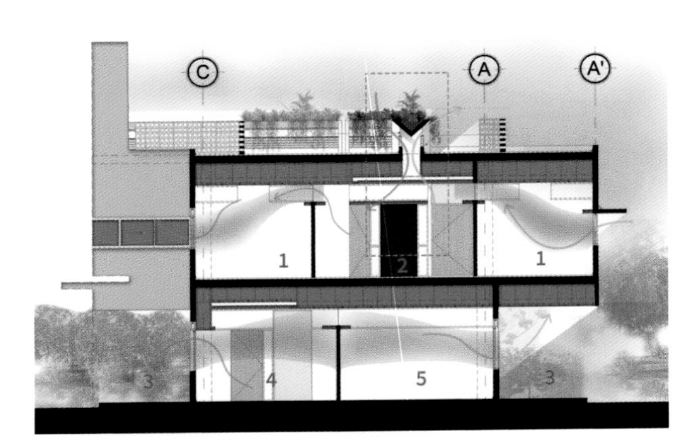

具有自然交叉通风的办公室和隔间剖面图

1. 隔间
2. 研究室
3. 走廊
4. 秘书室
5. 协调室

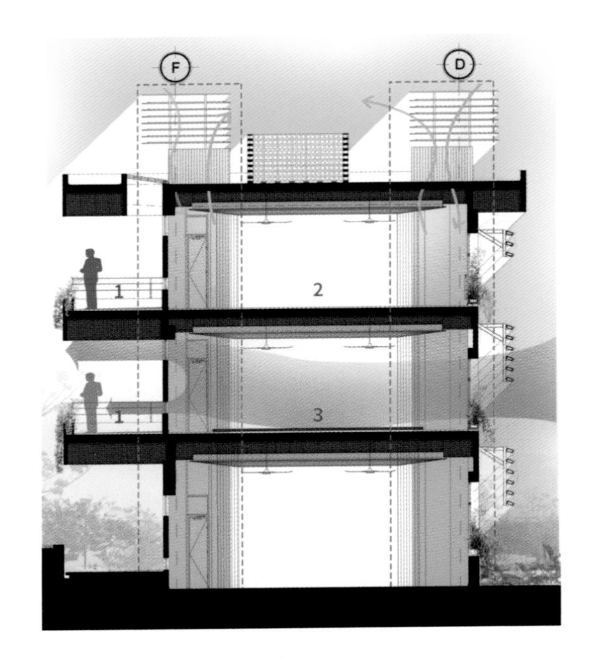

教学楼剖面图

1. 门厅
2. 教室
3. 互动教室

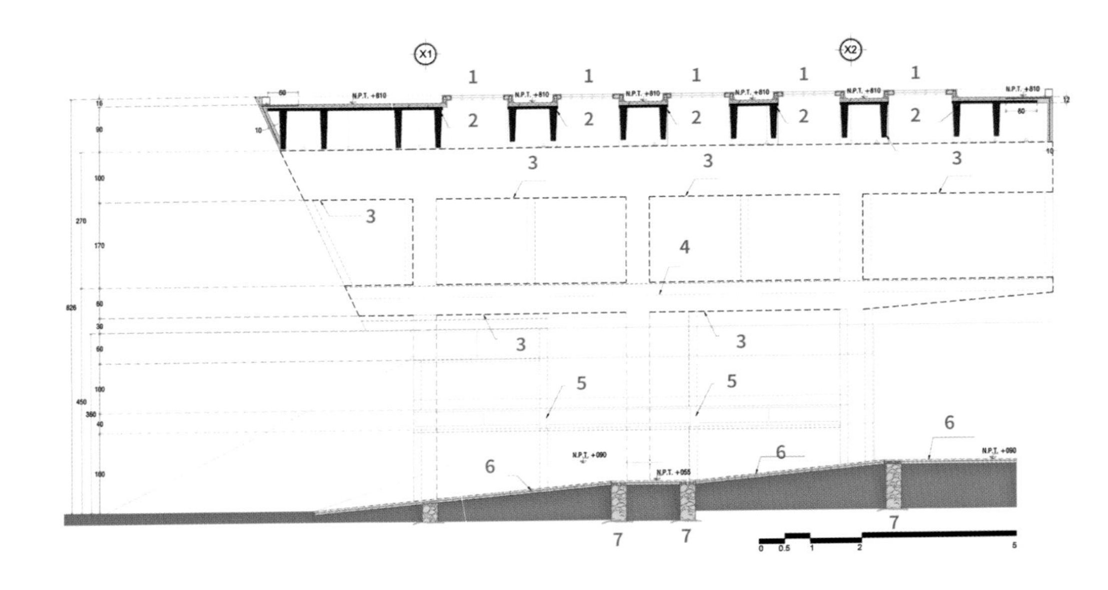

四通板剖面图

1. 玻璃块
2. 四通板
3. 混凝土梁
4. 板体系：带填充块的梁
5. 立柱
6.5cm 厚混凝土板，电焊网加固
7. 地基

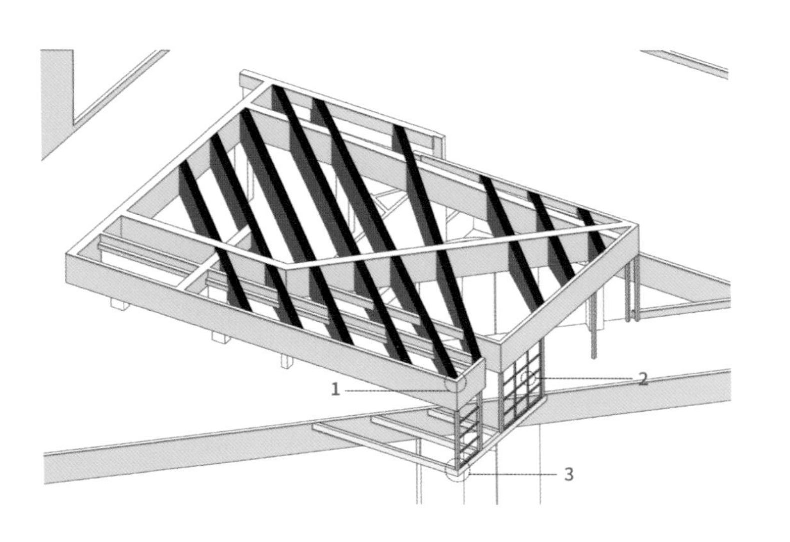

屋顶等距结构图

1. CM2 金属结构悬挂并锚固在 T10 2N B 混凝土梁上
2. 1” PTR 结构，用于固定杜力克面板
3. CM2 金属结构悬挂并固定在 TM4 金属梁上

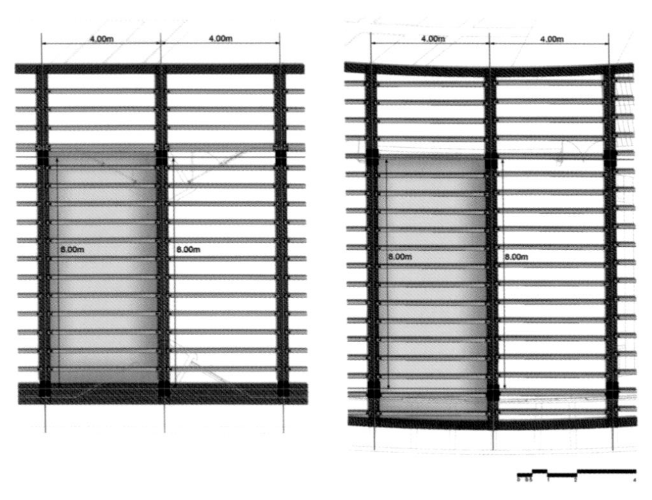

正交建筑结构（刚性混凝土框架）　曲线建筑结构（刚性混凝土框架）

索引

图书在版编目（CIP）数据

教育建筑规划与设计 ：大学Ⅱ /（意）安德烈·德斯特凡尼斯主编 ；李婵译．— 沈阳 ：辽宁科学技术出版社，2020.7
ISBN 978-7-5591-1579-9

Ⅰ．①教… Ⅱ．①安… ②李… Ⅲ．①高等学校—教育建筑—建筑设计—案例—世界 Ⅳ．①TU244.3

中国版本图书馆 CIP 数据核字（2020）第 061987 号

出版发行：辽宁科学技术出版社
（地址：沈阳市和平区十一纬路 25 号 邮编：110003）
印 刷 者：上海利丰雅高印刷有限公司
经 销 者：各地新华书店
幅面尺寸：210 毫米 ×265 毫米
印　　张：14
插　　页：4
字　　数：240 千字
出版时间：2020 年 7 月第 1 版
印刷时间：2020 年 7 月第 1 次印刷
责任编辑：李　红
封面设计：关木子
版式设计：关木子
责任校对：周　文

书　　号：ISBN 978-7-5591-1579-9
定　　价：228.00 元

联系电话：024-23280070
邮购热线：024-23284502
http://www.lnkj.com.cn